U0938872

全国高等职业教育示范专业规划教材

（建筑工程技术专业）

建筑工程项目管理

主　编　桑佃军

参　编　张兴英　徐洪峰

主　审　王相夏

机 械 工 业 出 版 社

本书共分 12 个单元，主要内容包括：建筑工程项目管理概述、建筑工程项目管理体系、建筑工程项目合同管理、建筑工程项目质量管理、建筑工程项目进度管理、建筑工程项目成本管理、建筑工程现场管理与安全管理、建筑工程项目生产要素（资源）管理、建筑工程项目沟通管理、建筑工程项目后期（竣工验收）管理、建筑工程项目风险管理、施工项目信息管理。为便于读者明确学习目标及检验学习效果，每个单元都提出了学习目标，同时在最后设置了一定量的训练题。

本书可作为高等职业教育建筑工程技术、工程造价等相关土建类专业的教材，也可供相关技术人员学习参考。

图书在版编目（CIP）数据

建筑工程项目管理 / 桑佃军主编. —北京：机械工业出版社，2011.1（2016.1 重印）

全国高等职业教育示范专业规划教材. 建筑工程技术专业

ISBN 978-7-111-32656-4

Ⅰ. ①建… Ⅱ. ①桑… Ⅲ. ①建筑工程－项目管理－高等学校：技术学校－教材 Ⅳ. ①TU71

中国版本图书馆 CIP 数据核字（2010）第 239672 号

机械工业出版社（北京市百万庄大街 22 号 邮政编码 100037）

策划编辑：李俊玲 覃密道 责任编辑：覃密道

责任印制：李 洋

北京振兴源印务有限公司印刷

2016 年 1 月第 1 版 · 第 4 次印刷

184mm×260mm · 11.75 印张 · 290 千字

9501－11400 册

标准书号：ISBN 978-7-111-32656-4

定价：26.00 元

凡购本书，如有缺页、倒页、脱页，由本社发行部调换

电话服务

服务咨询热线：010-88379833

读者购书热线：010-88379649

网络服务

机 工 官 网：www.cmpbook.com

机 工 官 博：weibo.com/cmp1952

教育服务网：www.cmpedu.com

金 书 网：www.golden-book.com

全国高等职业教育示范专业规划教材

建筑工程技术专业精品课程配套教材

编审委员会

序

我国高等职业教育正处于全面提升质量与加强内涵建设的重要阶段。近年来，随着国家、各省市的示范性高职院校建设、精品课程建设及教学成果奖评选等加强内涵建设工作的开展，形成了一大批符合教学需要、紧贴行业一线、突出工学结合、自身特色鲜明的示范专业和精品课程。这些成果的取得，不仅是高等职业教育内涵建设的阶段性成果，同时也是下一步发展的重要基础和有益经验。

机械工业出版社积极适应高等职业教育迅速发展的需要，从 2000 年开始出版高等职业教育土建类教材。经过几年的不懈努力，已形成专业覆盖面广、品种齐全、教学配套资源丰富的教材产品体系，在普通高等教育“十一五”国家级规划教材评选中，高职层次有 50 多种土建类教材入选，入选数量位居全国首位，为建设行业高素质人才培养做出了贡献，并以严谨的态度、过硬的质量、精细的编校、精美的装帧得到了高职院校师生的普遍认可。

为促进高等职业教育的内涵建设，进一步推动高等职业教育教材的发展，推广示范专业和精品课程建设的优秀成果，2008 年 7 月，机械工业出版社组织召开了全国高等职业教育示范专业教材建设研讨会。会上成立了由全国 20 多所土建类重点院校组成的编审委员会，选聘了一批长期从事高等职业教育的具有双师素质的优秀教师和实践经验丰富的行业企业专家，启动了全国高等职业教育示范专业规划教材（建筑工程技术）的编写工作。本系列教材在整体规划中体现了高等职业教育“1221”模式下，理论教学和实践教学两个体系系统设计的思路；较好地贯彻了基础理论知识和实践相结合，重点是实践的指导思想。同时本系列教材大多数为国家级、省级、教育部相关教学指导委员会认定的精品课程配套教材，是各学校示范专业建设成果的总结和升华，在内容和形式上均体现了示范性、创新性、适用性；同时配套了丰富的教学资源，可以为教学提供全面的服务。

此系列教材的出版是为促进高等职业教育内涵建设，进一步提升人才培养质量，促进土建类专业发展和课程建设所做的一次开拓性尝试。相信本系列教材将为高等职业教育土建类专业建设和课程教学的改革发展起到积极的推动作用。

全国高职高专教育土建类专业教学指导委员会秘书长
土建施工类专业指导分委员会主任委员 杜国城

前　言

建筑工程项目管理是一门新兴的管理科学，特别是20世纪90年代以来，成为国内管理领域研究的一大热点，建筑工程项目管理涉及面非常广，被广泛应用于各个领域。鉴于此，本书以《建筑工程项目管理规范》（GB/T 50326—2006）为基础，只对承包商（施工企业）的项目管理进行论述，其他内容未讲述。

建筑工程项目管理具有涉及面广、实践性强、综合性强、影响因素多、技术性强、发展快的特点。本书结合职业院校培养应用型，实用性人才的特点，注重理论联系实际，解决实际问题，既保证全书的系统性和完整性，又体现内容的实用性、先进性、可操作性，便于实践教学。

本书系统讲述建筑工程项目管理的基本知识、基本理论、基本方法、管理要求、管理实践与经验等内容。基本知识以必需、够用为度，重点讲清概念。强化应用专业知识，具有很强的针对性。各单元结合基于工作过程的编写思路，形成围绕工作过程讲授内容的模式，突出实践性教学环节，便于学生学习和指导工程实践。

本书由山东城市建设职业学院桑佃军担任主编，山东城市建设职业学院徐洪峰、山东省日照市岚山区建设工程质检站张兴英参与编写，具体编写分工如下：单元1、2、3、4、5、7、8、9、10、11由桑佃军、徐洪峰共同编写；单元6、12由张兴英编写。全书由桑佃军统稿，山东省建设厅设计处副处长、高级工程师王相夏担任主审。

本书在编写过程中得到山东城市建设职业学院院长韩培江和建工系系主任牟培超的大力支持和帮助，承蒙山东省建设厅设计处副处长、高级工程师王相夏在百忙之中对全书进行了审定，并提出了许多中肯的建议和修改意见，浙江建设职业技术学院何辉副院长和他的团队在编写的过程中也提出了许多宝贵的建议。另外，我们还吸收了许多国内外同行专家的研究成果，并得到了机械工业出版社的大力支持，在此一并表示衷心的感谢。

建筑工程项目管理是一门新兴的学科，需要在实践中不断提高和完善。由于编者水平有限，书中难免有疏忽局限，缺点错误在所难免，敬请各位读者、同行批评指正。

编　者

目　录

单元1 建筑工程项目管理概述

学习目标：

1. 能够掌握有关施工项目管理的概念。
2. 了解工程项目管理方法。
3. 了解施工项目管理与现代企业制度的不同。

重点难点：

本单元的重点是建筑工程项目管理的基本概念，这些内容专业性较强，也是在学习时的难点。

通过学习，掌握工程项目管理的主体是业主及受其委托的监理（或咨询）单位；施工项目管理的主体是施工企业，主要由其所组成的项目管理班子来实施对施工过程的管理及施工项目管理的方法；能够区分施工项目管理与现代企业制度。

子单元1 项 目 管 理

1.1.1 项目及特征

1．项目

项目是由一组有起止时间的、相互协调的受控活动所组成的特定过程，该过程要达到符合规定要求的目标，包括时间、成本和资源的约束条件。

项目的范围非常广泛，它包括了很多内容，最常见的有：科学研究项目，如基础科学研究项目、应用科学研究项目、科技攻关项目等；开发项目，如资源开发项目、新产品开发项目、园区开发项目等；建设项目，如工业与民用建筑工程、交通工程、水利工程等。

2．项目特征

（1）项目的特定性。项目的特定性也可称为单件性或一次性，是项目最主要的特征。每个项目都有自己的特定过程，都有自己的目标和内容，因此也只能对它进行单件处置（或生产），不能批量生产，不具重复性。只有认识到项目的特定性，才能有针对性地根据项目的具体特点和要求，进行科学的管理，以保证项目一次成功。这里所说的“过程”，是指一组将输入转化为输出的相互关联或相互作用的活动。

（2）项目具有明确的目标和一定的约束条件。项目的目标有成果性目标和约束性目标。成果性目标指项目应达到的功能性要求，如兴建一所学校可容纳的学生人数、医院的床位数、宾馆的房间数等；约束性目标是指项目的约束条件，凡是项目都有自己的约束条件，项目只有满足约束条件才能成功，因而约束条件是项目目标完成的前提。一般项目的约束条件包括限定的时间、限定的资源（包括人员、资金、设施、设备、技术和信息等）和限定的质量标准。目标不明确的过程不能称作“项目”。

（3）项目具有特定生命周期。项目过程的一次性决定了每个项目都具有自己的生命周期，任何项目都有其产生时间、发展时间和结束时间，在不同的阶段都有特定任务、程序和工作内容。如建设项目的生命周期包括项目建议书、可行性研究、设计工作、建设准备、建设实施、竣工验收与交付使用；施工项目的生命周期包括：投标与签订合同、施工准备、施工、交工验收、用后服务。成功的项目管理是将项目作为一个整体系统，进行全过程管理和控制，是对整个项目生命周期的系统管理。

（4）项目作为管理对象的整体性。一个项目是一个整体管理对象，在按其需要配置生产要素时，必须以总体效益的提高为标准，做到数量、质量、结构的总体优化。由于内外环境是变化的，所以管理和生产要素的配置是动态的。项目中的一切活动都是相关的，构成一个整体，缺少某些活动必将损害项目目标的实现，但多余的活动也没有必要。

（5）项目的不可逆性。项目按照一定的程序进行，其过程不可逆转，必须一次成功，失败了不可换回，因而项目的风险很大，与批量生产过程（重复的过程）有着本质的差别。

1.1.2 项目管理的概念及特点

1. 项目管理的概念

项目管理是指项目的管理者在一定的约束条件下，通过项目经理和项目组织的合作，运用系统的观点、方法和理论，对项目涉及的全部工作进行有效的管理，即从项目的投资决策开始到项目结束全过程的计划、组织、协调和控制，以实现项目特定目标的管理方法体系。

一定的约束条件是制定项目目标的依据，也是对项目控制的依据。项目管理的目的就是力求项目目标的实现。项目管理的对象是项目，由于项目具有单件性或一次性，要求项目管理具有针对生、系统性、程序性和科学性。只有用系统的观点、方法和理论对项目进行管理，才能保证项目的顺利完成。

2. 项目管理的特点

（1）每个项目都具有特定的管理程序和管理步骤。项目的一次性或单件性决定了每个项目都有其特定的目标，而项目管理的内容和方法要针对项目目标而定，项目目标不同，则项目的管理程序和步骤就不同。

（2）项目管理是以项目经理为中心的管理。由于项目管理具有较大的责任和风险，其管理涉及人力、技术、设备、资金等多方面因素，为了更好地进行计划、组织、指挥、协调和控制，必须实施以项目经理为中心的管理模式，在项目实施过程中应授予项目经理较大的权力，以使其能及时处理项目实施过程中出现的各种问题。

（3）项目管理应使用现代管理方法和技术手段。现代项目大多数属于先进科学产物或者是一种涉及多学科的系统工程，要使项目圆满地完成，就必须综合运用现代化管理方法和科学技

术，如决策技术、网络与信息技术、网络计划技术、价值工程、系统工程、目标管理等。

（4）项目管理过程中实施动态管理。为了保证项目目标的实现，在项目实施过程中采用动态控制的方法，阶段性地检查实际值与计划目标值的差异，采取措施纠正偏差，制定新的计划目标值，使项目的实施结果逐步向最终目标逼近。

子单元 2　工程项目管理

1.2.1　工程项目

1. 工程项目的概念

工程项目是最为常见、最为典型的项目类型，它属于投资项目中最重要的一类，是一种既有投资行为又有建设行为的项目的决策与实施活动。

一般讲，投资与建设是分不开的。投资是项目建设的起点，没有投资就不可能进行建设；而没有建设行为，投资的目的也无法实现。所以，建设过程实质上是投资的决策和实施过程，是投资目的的实现过程，是把投入的货币转换为实物资产的经济活动过程。

在某种情况下，投资与建设是可以分开的，即有投资行为而不一定有建设行为，不需要通过建设就可以实现投资的目的。我们所说的工程项目是指为达到预期的目标，投入一定量的资本，在一定的约束条件下，经过决策与实施的必要程序从而形成固定资产的一次性事件。

2. 工程项目的特点

（1）建设目标的明确性。任何工程项目都具有明确的建设目标，包括宏观目标和微观目标。政府有关部门主要审核项目的宏观经济效果、社会效果和环境效果，企业则较多重视项目的盈利能力等微观财务目标。

（2）建设目标的约束性。工程项目实现其建设目标，要受到多方面条件的制约：① 时间约束，即工程要有合理的工期时限；② 资源约束，即工程要在一定的人力、财力、物力条件下来完成建设任务；③ 质量约束，即工程要达到预期的生产能力、技术水平、产品等级的要求；④ 空间约束，即工程要在一定的施工空间范围内通过科学合理的方法来组织完成。

（3）具有一次性和不可逆性。工程项目建设地点一次性确定，建成后不可移动。设计的单一性、施工的单件性，使得它不同于一般商品的批量生产，一旦建成，要想改变非常困难。

（4）影响的长期性。工程项目一般建设周期长，投资回收期长，工程寿命周期长，工程质量好坏影响面大，作用时间长。

（5）投资的风险性。由于工程项目建设是一次性的，建设过程中各种不确定因素很多，因此投资的风险性很大。

（6）管理的复杂性。工程项目的内部结构存在许多结合部，是项目管理的薄弱环节，使得参加建设的各单位之间的沟通、协调困难重重，也是工程实施中容易出现事故和质量问题的地方。

3. 工程项目的分类

（1）建筑工程项目按专业分为土木工程项目、线路管道安装工程项目、装修工程项目等。

（2）按管理的主体分为建设项目、设计项目、工程咨询项目和施工项目等。

1.2.2 建设项目

1．建设项目的概念

建设项目是作为建设单位的被管理对象的一次性建设任务，一个建设项目就是一项固定资产投资项目。

建设项目的管理主体是建设单位，此项目是建设单位实现其目标的一种手段；建设项目的管理客体是一次性的建设任务，即投资者为实现投资目标而进行的一系列工作（包括投资前期工作、投资实施的组织管理工作及投资总结工作）。

2．建设项目的特征

（1）由建设单位进行统一管理、实行统一核算，在一个总体设计（或初步设计）范围内由一个或多个有内在联系的单项工程所组成。

（2）具有投资限额标准：只有达到一定限额投资的项目才可称之建设项目，目前在我国规定投资50万元以上的项目才可作为建设项目。

（3）有一定的约束条件，并以最终形成固定资产为特定目标。约束条件是投资总额、建设工期和质量标准。

（4）具有项目的一次性特征，即具有投资、建设地点、设计、施工管理等程序的一次性。

（5）遵循必要的建设程序，从项目建议书到可行性研究、勘察设计、招投标、施工、竣工，以至投入使用，是一个有序的全过程。

3．建设项目的分类

（1）按投资的再生产性质划分。可分为基本建设项目和更新改造项目，如新建、扩建、改建、迁建、重建属于基本建设项目，技术改造项目、技术引进项目、设备更新项目等属于更新改造项目。

1）新建项目。新建项目是指从无到有，新开始建设的项目，即在原有固定资产为零的基础上投资建设的项目。按国家规定，若建设项目原有基础很小，扩大建设规模后，其新增固定资产价值超过原有固定资产价值三倍以上的，也当做新建项目。

2）扩建项目。扩建项目是指企业、事业单位在原有的基础上投资扩大建设的项目。如在企业原场地范围内或其他地点为扩大原有产品的生产能力或增加新产品的生产能力而建设的主要生产车间，独立的生产线或总厂下的分厂，事业单位和行政单位增建业务用房（办公楼、病房、门诊等）。

3）改建项目。改建项目是指企业、事业单位对原有设施、工艺条件进行改造的项目。我国规定，企业为消除各工序或各车间之间生产能力的不平衡，增建或扩建的不直接增加本企业主要产品生产能力的车间为改建项目。现在企业、事业、行政单位增加或扩建部分辅助工程和生活福利设施（如职工宿舍、食堂、浴室等）并不增加本单位主要效益的，也为改建项目。

4）迁建项目。迁建项目指原有企业、事业单位，为改变生产力布局，迁移到另地建设的项目，不论其建设规模是企业原来的还是扩大的，都属于迁建项目。

5）重建项目。重建项目指原有企业、事业单位，因自然灾害、战争等原因，使已建成的

固定资产的全部或部分报废以后又投资重新建设的项目。但是尚未建成投产的项目，因自然灾害损坏再重建的，仍按原项目看待，不属于重建项目。

6）技术改造项目。技术改造项目指企业采用先进的技术、工艺、设备和管理方法，为增加产品品种、提高产品质量、扩大生产能力、降低生产成本、改善劳动条件而投资建设的改造工程。

7）技术引进项目。技术引进项目是技术改造项目的一种，少数是新建项目，主要特点是由国外引进专利、技术许可证和先进设备，再配合国内投资建设的工程。

（2）按建设规模划分。按国家规定的标准，基本建设项目可划分为大型、中型、小型项目；技术改造项目可分为限额以上项目和限额以下项目。

（3）按投资建设的用途划分

1）生产性建设项目。即用于物质产品生产的建设项目，如工业项目、运输项目、农田水利项目、能源项目。

2）非生产性建设项目。指满足人们物质文化生活需要的项目。非生产项目可分为经营性项目和非经营性项目。

（4）按资金来源划分

1）国家预算拨款项目。

2）银行贷款项目。

3）企业联合投资项目。

4）企业自筹项目。

5）利用外资项目。

1.2.3　工程项目管理的概念、特点及任务

1．工程项目管理的概念

所谓工程项目管理，就是为使工程项目在一定的约束条件下取得成功，对项目的所有活动实施决策与计划、组织与指挥、控制与协调、教育与激励等一系列工作的总称。其实质是运用系统工程的观点、理论和方法，对工程建设进行全过程和全方位的管理，以实现工程项目的最终目标。

2．工程项目的特点

（1）新颖性。在项目设计、实施及运行过程中，需要新的知识，使用新的工艺，这是市场竞争对企业的要求造成的，所以现代工程项目的技术含量越来越高，高科技、开发型、研究型项目越来越多。

（2）复杂性。这表现在现代工程项目的规模大、投资大、参加单位多，国际性的合作越来越多，合同条件越来越复杂，所需要的各种专门知识越来越精深。

（3）不确定性。现代工程项目都包含着许多风险，由于外界经济、政治、法律及自然等因素的变化造成对项目的外部干扰，使项目的目标、项目的成果、项目的实施过程有很大的不确定性。

（4）严格性。由于市场竞争激烈，现代工程项目常常采用合作的形式，各投资者对项目的计划准确性要求越来越高，对项目的进度、费用和质量等的要求越来越严格。

3．工程项目管理的任务

总的来说，工程项目管理的任务就是在科学决策的基础上对工程项目实施全方位、全过程的管理活动，使其在一定约束条件下，达到进度、质量和成本的最佳实现。具体来讲，有以下几个方面：

（1）建立项目管理组织。明确本项目各参加单位在项目实施过程中的组织关系和联系渠道，并选择合适的项目组织机构及实施形式；做好项目各阶段的计划准备和具体组织工作；建立单位的项目管理班子；聘任项目经理及各有关职能人员。

（2）投资控制。编制投资计划（业主编制投资分配计划，施工单位编制施工成本计划），采用一定的方式、方法，将投资控制在计划目标内。

（3）进度控制。编制满足各种需要的进度计划，把那些为了达到项目目标所规定的若干时间点，连接成时间网络图，安排好各项工作的先后顺序和开工、完工时间，确定关键线路的时间；经常检查进度计划执行情况，处理执行过程中的问题，协调各有关方面的工作进度，必要时对原计划作适当调整。

（4）质量管理。规定各项工作的质量标准；对各项工作进行质量监督和验收；处理质量问题。质量管理是保证项目成功的关键任务之一。

（5）合同管理。起草合同文件，参加合同谈判，签订修改合同；处理合同纠纷、索赔等事宜。

（6）信息管理。明确参与项目的各单位以及本单位内部的信息流，相互间信息传递的形式、时间和内容；确定信息收集和处理的方法、手段。

子单元3　施工项目管理

1.3.1　施工项目管理概述

1．施工项目的概念

施工项目是由“建筑业企业自施工承包投标开始到保修期满为止的全过程中完成的项目”。这就是说，“施工项目”是由建筑业企业完成的项目，它可能是建设项目整个过程的产出物，也可能是一个单项或单位工程整个过程的产出物。项目施工过程的起点是投标，终点是保修期满。

2．施工项目管理的概念

“施工项目管理”是指建筑业企业运用系统的观点、理论和方法对施工项目进行的计划、组织、监督、控制、协调等全过程、全面的管理。

施工项目管理是项目管理的一个分支，其管理对象是施工项目，管理者是建筑业企业。

3．施工项目管理的特点

（1）施工项目的管理者是建筑业企业。一般地说，建筑业企业不委托咨询公司进行施工项目管理。由建设单位或监理单位进行的工程项目管理，涉及施工阶段的管理仍属建设项目管理，不能算作施工项目管理。监理单位把施工单位作为监督对象，虽与施工项目管理有关，但不能

算作施工项目管理。

（2）施工项目管理的对象是施工项目。施工项目管理的周期包括工程投标、签订工程项目承包合同、施工准备、施工以及竣工验收及保修等阶段。施工项目的特点给施工项目管理带来了特殊性。施工项目的特点是多样性、固定性及庞大性，施工项目管理的主要特殊性是生产活动与市场交易活动同时进行。

（3）施工项目管理的内容是按阶段变化的。每个施工项目都按建设程序进行，也按施工程序进行，从开始到结束要经过几年乃至十几年的时间。施工项目管理随着时间的推移带来了施工内容的变化，因而也要求管理的内容随着时间的变化而发生变化。施工准备阶段、基础施工阶段、结构施工阶段、装修施工阶段、安装施工阶段、竣工验收阶段，管理的内容差异很大。因此，管理者必须做出设计、签订合同、提出措施、进行有针对性的动态管理，并使资源优化组合，以提高施工效率和施工效益。

（4）施工项目管理要求强化组织协调工作。由于施工项目的生产活动的独特性，对产生的问题难以补救或虽可补救但后果很严重；由于参与施工的人员不断在流动，需要采取特殊的流水方式，组织工作量很大；由于施工在露天进行，工期长，需要的资源多；还由于施工活动涉及复杂的经济关系、技术关系、法律关系、行政关系和人际关系等，故施工项目管理中的组织协调工作最为艰难、复杂、多变，必须通过强化组织协调的办法才能保证施工顺利进行。主要强化方法是优选项目经理，建立调度机构，配备称职的调度人员，努力使调度工作科学化、信息化，建立起动态的控制体系。

4．施工项目管理的内容

施工项目管理的内容包括：编制项目管理规划大纲和项目管理实施规划，项目进度控制，项目质量控制，项目安全控制，项目成本控制，项目人力资源管理，项目材料管理，项目机械设备管理，项目技术管理，项目资金管理，项目合同管理，项目信息管理，项目现场管理，项目组织协调，项目竣工验收，项目考核评价，项目回访保修等。

项目管理规划是施工项目管理的首要内容，是对施工项目全过程中的各种管理职能、各种管理过程以及各种管理要素进行全面、完整、总体的计划，其作用是：制定施工项目管理目标；规划实施项目目标的组织、程序和方法，落实责任；作为相应项目的管理规划，在项目管理过程中贯彻执行；作为考核项目经理部的依据之一。

项目管理规划分为项目管理规划大纲和项目管理实施规划。项目管理规划大纲是由企业管理层在投标之前编制的旨在作为投标依据、满足招标文件要求及签订合同要求的文件；项目管理实施规划是在开工之前，由项目经理主持编制的，旨在指导项目实施阶段管理的文件。

显然，二者关系密切，后者依据前者进行编制，并贯彻前者的相关精神，对前者确定的目标和决策，做出更具体的安排，以指导实施阶段的项目管理。

1.3.2　工程项目管理与施工项目管理不同点

工程项目管理与施工项目管理相比主要有以下不同点：

（1）实施的主体不同。工程项目管理的主体是业主及受其委托的监理（或咨询）单位，主要是由他们组建的项目管理班子来实施管理；施工项目管理的主体是施工企业，主要由其所组成的项目管理班子来实施对施工过程的管理。

（2）目的不同。工程项目管理中业主是为取得符合要求的、能发挥应有效益的固定资产而进行的管理，监理方是为完成业主所委托的项目管理任务从而取得报酬而进行的管理；施工企业是为生产出建筑安装产品并取得利润而进行的管理。

（3）内容不同。工程项目管理的内容涉及运转和项目建设的全过程的管理；而施工项目管理的内容仅涉及从投标开始到竣工验收为止的项目的施工组织、生产管理及维修。

（4）范围不同。工程项目管理的时间范围是项目建设的全周期，即由项目的评价开始，到项目立项、设计、施工以至项目使用和维修；而施工项目管理的时间范围仅限于项目的施工和维修阶段。

1.3.3 施工项目管理与现代企业制度

施工项目管理是建筑施工企业对某项具体建设项目的施工全过程的管理，其范围包括：投标承包、签订承包合同、施工准备、组织施工、竣工验收。其目的是有效地实现施工项目的承包合同目标，使企业取得经济效益。施工项目管理的主体是建筑施工企业所属的项目经理部。

现代企业制度是以“适应市场经济要求，产权清晰、责权明确、政企分开、管理科学”为特征的企业制度。建立现代企业制度的目的是使企业按市场法则运行，形成社会主义市场经济体制的基础，进而使市场经济对企业的资源配置发挥基础性作用。建立现代企业制度是企业改革的方向。

实行施工项目管理，要求建立现代企业制度。施工项目管理是现代企业制度的重要组成部分。建筑施工企业建立现代企业制度必须进行施工项目管理。只有搞好施工项目管理才能够完善现代企业制度，使之管理科学化。施工项目管理和现代企业制度两者的关系，主要表现在以下几个方面。

1．施工项目管理是建筑施工企业现代企业制度的重要组成部分

建筑企业建立现代制度，目的是缔造建筑市场，确立建筑企业独立的生产建筑商品（施工项目）的承包商地位。根据现代企业制度的特点要求，建筑企业建立现代企业制度有以下内容，且每项内容均与施工项目管理有密切关系。

（1）完善企业法人制度，确立法人财产权，对企业进行公司制改造，可以使建筑企业真正成为独立的商品生产者，摆脱企业作为国家行政机构附属物的地位。于是建筑企业便可以自主地参与市场竞争，从市场上获得施工项目，以卖方的身份与业主签订承包合同。企业在项目施工中自担风险，自我约束，按照市场供求关系和价值规律谋求利益最大化，实现企业的自我发展。

（2）现代企业制度要求建立现代治理结构。施工项目管理对企业的治理结构提出了很高的要求，例如要求建立项目经理部，以加强企业作业层；要求企业经理向项目经理授权，由项目经理作为企业经理的代理人，全权负责施工项目的管理；要求企业为施工项目的资源配置提供市场性服务，要使内部管理市场化等等。

（3）建立与现代企业制度相适应的财务制度、人事制度、分配制度和施工管理制度。项目经理部是企业的组成部分，亦应在企业制度约束下运行，按需要建立相应的制度，重点是项目经理部的财务制度、分配制度和施工管理制度。而施工管理制度的重点应是质量管理制度、进

度管理制度、成本核算制度和安全保障制度。建立各种制度都应注意与市场经济的要求相适应，彻底摆脱计划经济体制弊端的束缚。

（4）建立新的生产经营方式。对企业来说，新的经营方式体现履约经营、规模经营（集团化经营和专业化经营）和多元化经营的特点。对项目管理层来说，它是一种生产方式，同时也进行履约经营，即承包到手的工程，都要按照合同条件签订具有法律效力的、可以约束项目管理全过程行为的合同，在项目实施中加强合同管理，按照合同办事，以合同规范行为，强化索赔意识，提高索赔水平，保护好自身的合法利益等等。

（5）以施工项目管理为重点，实现现代企业制度“科学管理”的要求。因此要总结十几年来我国进行施工管理的经验，吸收国外进行施工项目管理的精华，规范施工项目管理的思想、组织、方法和行为，建立起适合我国施工项目管理的崭新科学体系，是构成现代企业制度的重要组成部分，使施工项目管理成为建筑企业现代化的基础，发挥建筑企业的生产力，极大地提高建筑企业的经济效益。

2. 进行施工项目管理必须建立现代企业制度

进行施工项目管理，要有一系列条件，必须通过建立现代企业制度创造施工项目管理的条件。

（1）通过建立现代企业制度为施工项目管理创造市场条件。施工项目是产品，也是商品。施工项目管理既管理施工过程，也管理施工结果。施工项目的生产和销售离不开市场，施工项目管理必须以市场为“舞台”。从生产来讲，建筑施工企业要从市场上取得项目所需的生产要素，进行资源配置，形成生产能力；从销售来讲，建筑施工企业要通过投标竞争，从市场上取得施工项目的承包权，根据市场经济条件，按履约经营的要求通过签订项目承包合同，明确承发包双方的关系，最后以验收交工的方式实现项目“销售”。因此，施工项目管理是市场化的管理，市场是施工项目管理的环境和条件。企业是市场的主体，又是市场的基本经济细胞。只有主体行为规范，市场才能发育和运行。建立现代企业制度，可以搞活企业，规范企业行为，使企业按市场法则运行，形成社会主义市场经济体制的基础，让市场在企业资源配置上起基础作用。

（2）建立现代企业制度，确立企业法人财产权，使产权主体多元化、社会化，使资产所有者和资产经营者分离、经营管理层和作业层分离。这样，企业可以真正做到自主经营、自负盈亏、自谋发展、自我完善，具备进行施工项目管理的组织条件。因为，企业进行施工项目管理，要求政企分开，两层（经营管理层和作业层）分离，按照项目的特点建立项目经理部。项目经理部能够按合同要求独立地实现各项目标。不建立现代企业制度，企业就不能彻底摆脱计划经济体制的束缚，也就没有真正的自主权，更无法进行项目管理。

（3）建立现代企业制度，包括建立现代企业管理制度。其中有财务制度、劳动人事制度、分配制度及施工管理制度等，这些制度用以调节所有者、经营者和生产者之间的关系，形成激励和约束相结合的经营机制，有利于资源优化配置和动态组合的项目管理机制，从而极大地调动职工的生产积极性，最大限度地实现生产力标准的要求。所以，建立现代企业制度可以为施工项目管理创造制度上的条件。

3. 切实进行科学的施工项目管理，以实现现代企业制度的管理科学化

（1）每个建筑企业都应具有一批素质符合要求的施工项目经理。项目经理是受企业经理委托，全权负责施工项目管理的核心人物，是项目实施的最高责任者和组织者，在项目管理中起决定性作用。因此，项目经理的素质便决定着施工项目管理的水平。项目经理应具有政治、知识、能力和体质等各方面的合格素质。在现代企业中，应该有一批在企业经营管理人员中占规定比例的人才，能够接受企业经理的委派，担负起对施工项目进行科学管理的任务。因此，施工项目经理的产生要按规范化的程序，有计划地进行选拔、培养与培训，要持证上岗，按工程的规模和管理科学化的需要委派项目经理。项目经理人选确定后，企业经理要按规定和需要授予充分的权力，使之具备进行项目承包和进行科学管理的条件。

（2）企业进行两层分离，强化经营管理层和施工作业层，提高企业的项目管理能力。在两层分离后，建立事业部和公司与项目之间构成的矩阵制组织。以矩阵制组织形式，实现市场化的、弹性的用人制度。应防止项目经理部成为固化的组织结构，更不应形成企业的一个固定管理层次。劳务作业层可以向包括劳务企业的专业分包企业发展。这样，一个施工项目可以由一个项目管理班子总包，子项目或分部分项工程可进行企业内部劳务分包或社会劳务分包。

（3）实行施工项目资源配置市场化，建立企业内部生产要素市场，发挥市场机制对优化项目资源配置的作用。企业内部应建立劳动力市场、材料供应市场、机械设备租赁市场、资金市场和技术开发服务市场。在培育建筑企业内市场中，应创造条件，发挥市场机制的作用，使项目经理部有一个适当的市场环境，以利于降低工程成本，提高工程质量，加快施工速度。在建立企业内部生产要素市场的同时，应实现现代后勤保障方式，后勤供应、生活福利要通过内部综合服务市场解决，或进行物业化管理、社会化服务。应由企业或社会承担的劳动保险、离退休费用，不分配给项目管理层，政工、人事由企业统筹负责。这样，使得项目经理部减轻负担、精干机构、集中精力于施工项目的管理，以提高工作效率。

（4）在施工项目管理中大力推行行之有效的现代管理技术。施工项目管理的重点，集中在合同管理、质量管理、进度管理、成本管理、安全管理和信息管理六个方面，国际上都有惯例或成功的技术，我国经过了十多年的引进和开发，也已有了相当多的经验和创造。因此，随着现代企业制度的建立，应在施工项目管理中应用现代管理技术方面要有一个大的进步，乃至实行一次飞跃。

（5）应充分发挥施工组织设计在施工项目管理中的规划作用。施工项目管理的一项重要准备工作就是编制施工组织设计，通过施工组织设计对施工项目管理的全过程和管理目标进行全面规划。

1.3.4 常见的施工项目管理方法

（1）系统工程管理方法：主要依据系统原理，从企业经营或工程项目的整体出发，应用现代科学技术方法和手段，提示系统的功能特性和内部结构，预测系统的发展变化势态，提出并优化解决问题的方案，为对系统进行最优的组织与管理，最优的实施与控制提供实用的工具。

（2）经营分析管理方法：主要依据预测和决策原理，从企业经营的过去和现在的状态出发，采用一套科学的方法对企业经营活动的未来发展变化趋势予以估计，并从形成的若干方案中选择一个最佳方案，制订出计划贯彻实施，包括预测方法、决策技术、滚动计划。

（3）目标管理方法：主要依据目标管理，对企业目标实行科学、有效的组织实施和全面控制。

（4）规划管理方法：主要依据运筹学原理，系统地分析企业经营（包括项目工程施工等）

过程中的计划及计划实施中的统筹规划，选择最优运行方案，包括线性规划方法、目标规划方法和网络计划技术。

（5）施工管理方法：主要依据控制原理，以建筑施工的具体工程和施工现场为对象，对工程项目施工全过程中的人、财、物及施工质量进行全面有效控制的技术方法，包括 ABC 分类管理法、价值工程、全面质量管理、“闭环”施工管理法、全员设备维修、量本利分析法等。

（6）信息管理方法：主要依据信息论原理，对建筑企业经营管理活动中的内外信息进行科学的收集、贮存、处理和传递，生产过程的控制，科学计算以及辅助智力劳动等，使之成为建筑管理的现代化手段和重要的动力。

（7）行为分析与激励管理方法：主要依据行为等基本原理，以人为主要对象，对人在建筑企业生产经营活动过程中的行为进行分析，寻求充分调动人的积极性，挖掘潜力及能力的基本方法。

单元小结

施工项目管理是一门新兴的管理科学，工程项目管理与施工项目管理的方法很多，建筑工程项目管理由于涉及的面很广，管理复杂。因此应该掌握建筑工程项目管理基本概念以及施工项目管理的一般方法，了解施工项目管理与现代企业制度的关系。

思考与拓展

1．为什么要进行施工项目管理？
2．为什么要建立现代企业制度？
3．为什么要推行施工项目管理制度？
4．施工项目管理应遵循哪些法律法规和强制性标准？

训练题

1．项目特征包括（　　）。
A．项目的特定性
B．项目具有明确的目标和一定的约束条件
C．项目具有特定生命周期
D．项目作为管理对象的整体性

2．项目管理特点包括（　　）。
A．每个项目都具有特定的管理程序和管理步骤
B．项目管理是以项目经理为中心的管理
C．项目管理应使用现代管理方法和技术手段
D．项目管理过程中实施动态管理

3．工程项目特点包括（　　）。
A．建设目标的明确性和约束性　　　　B．具有一次性和不可逆性

C．影响的长期性和投资的风险性　　D．管理的复杂性

4．施工项目管理特点包括（　　）。

A．施工项目的管理者是建筑业企业

B．施工项目管理的对象是施工项目

C．施工项目管理的内容是按阶段变化的

D．施工项目管理要求强化组织协调工作

5．工程项目管理与施工项目管理的不同点有（　　）。

A．实施的主体不同　　B．目的不同

C．内容不同　　D．范围不同

单元2　建筑工程项目管理体系

学习目标：

1. 掌握什么是项目经理，项目经理的地位与作用。
2. 了解项目经理部的运行机制。
3. 会运用所学知识建立不同类型的项目部。

重点难点：

本单元的重点是项目经理、项目经理的地位等概念。建筑行业实行项目经理负责制，他是工程项目施工的组织实施者，对建设工程项目施工全过程、全面负责的项目管理者。项目经理部是由项目经理在企业的支持下组建并领导进行项目管理的组织机构。因此必须对项目经理部的建立、运行、解体等内容有深入的了解。

子单元1　项目经理负责制

2.1.1　项目经理

1. 项目经理的概念

项目经理是指受企业法定代表人委托和授权，在建设工程项目施工中担任项目经理岗位职务，直接负责工程项目施工的组织实施者，对建设工程项目施工全过程全面负责的项目管理者。他是建设工程施工项目的责任主体，是企业法人代表在建设工程项目上的委托代理人。

2. 项目经理的地位和作用

（1）项目经理的地位。项目经理地位的重要性取决于项目活动的特殊性。项目作为一种特殊而复杂的一次性活动，要求在限定的时间、空间、预算和质量范围内，成功地将各种资源、人力、技术、设备和设计、采购、施工、生产等各种活动有条不紊地组织协调在一起。对于项目这个复杂的系统，要求有一个管理保证系统，这个管理保证系统的最高全权负责人就是项目经理。他们必须是项目管理活动的唯一最高决策者、管理者、组织者、协调者和责任者。只有这样才能保证项目建设按照客观规律和统一意志高效率地达到预期目标。对于项目经理的地位，可从下面几个方面予以阐明。

1）从组织结构上看，项目经理是项目有关各方协调配合的桥梁和纽带，处在项目各方的核心地位。项目管理说到底是人的管理与协调。设计项目的是人，实施项目的是人，造成矛盾、事故、冲突的是人，解决和协调这些矛盾的还是人。处在矛盾、冲突、纠纷漩涡之中，沟通、协商、解决这些矛盾的关键人物是项目经理。作为业主和承包商的全权代理人，项目经理既代表着甲、乙双方的利益，对项目行使管理权，也对项目目标的实现承担全部责任。他所扮演的角色是其他任何人不可替代的。

2）从合同关系上看，项目经理作为法人代表，是履行合同义务、执行合同条款、承担合同责任、处理合同变更、行使权力的最高合法当事人。他们的权力、义务、责任受到法律的保护和约束。按合同履约是项目经理一切行动的最高准则，拒绝承担合同以外其他各方面强加的干预、指令、责任是项目经理的基本权利。当然，合同的执行必须遵守法律，在合同与法律范围内组织项目建设也是项目经理的起码义务。

3）从项目的沟通与控制的角度看，项目经理是在项目实施中，各种重要信息、指令、目标、计划、办法的发起者和控制者。在项目实施过程中，来自项目外部（如业主、政府、甲乙方企业、当地社会环境、国内外市场）的有关重要信息、指令，要通过项目经理来汇总、沟通、交涉；对项目内部，项目经理则是各种重要目标、决策、计划、方案、措施、制度的决策人和制定者，他担负着组织、协调项目班子全体成员高效率地实现项目目标的重任。对于业主和项目经理企业的主管上级，项目经理需要把他们的期望目标在项目实施中变成具体目标，通过计划措施和方案予以落实并在实施中不断进行反馈调整。

（2）项目经理的作用。根据项目经理在项目管理中的特殊地位，可以看出项目经理对项目的成败起着至关重要的作用。能够集专业技术、管理科学、领导艺术和丰富经验于一身的将帅之才的项目经理，就成了决定项目成败的最关键的人才。对大型承包商企业来说，训练有素的项目经理都是极为稀缺的宝贵财富。围绕项目经理人才的选拔与培养，西方发达国家管理理论界和实业界普遍十分重视理论研究和实践探索。美国大型承包商企业中，工资待遇仅次于企业总裁的不是企业经理，更不是企业职能部门的负责人，而是项目经理，不少项目管理专著都把项目经理的选拔与培养作为项目管理的首要任务，可见项目经理作用的重要性。

我国基本建设和建筑业深化体制改革的重要内容之一，就是要推行设计、施工、物资供应、试生产一体化的项目管理模式。这势必对适应这种项目管理体系的项目经理人才的素质和数量提出迫切需求。由于历史上项目建设的阶段分割、专业划分过细、技术与经济分家、部门壁垒等原因，项目经理人才稀缺，与需要量猛增的矛盾日益尖锐。因此，对项目经理人才的选拔与培训，当前已经提到战略的高度，应予以重视和落实。

3．项目经理的任务

项目经理的任务与职责包括两方面：一是要保证施工项目按照规定的目标高速优质低耗地全面完成，另一方面是保证各生产要素在项目经理授权范围内最大限度地优化配置。具体包括以下几项：

（1）确定项目管理组织机构的构成并配备人员，制定规章制度，明确有关人员的职责，组织项目经理部开展工作。

（2）确定管理总目标和阶段目标，进行目标分解，实行总体控制，确保项目建设成功。

（3）及时、适当地做出项目管理决策，包括投标报价决策、人事任免决策、重大技术组织措施决策、财务工作决策、资源调配决策、进度决策、合同签订及变更决策，对合同执行进行严格管理。

（4）协调本组织机构与各协作单位之间的协作配合及经济、技术关系，在授权范围内代理企业法人进行有关签证，并进行相互监督、检查，确保质量和工期，同时控制和节约成本。

（5）建立完善的内部及对外信息管理系统。

（6）实施合同，处理好合同变更、洽商纠纷和索赔，处理好总分包关系，搞好与有关单位的协作配合，与建设单位相互监督。

4. 项目经理的职责

项目经理的职责是由其所承担的任务决定的。项目经理应当履行以下职责：

（1）贯彻执行国家和工程所在地政府的有关法律、法规和政策，执行企业的各项管理制度，维护企业整体利益和经济权益。

（2）严格财经制度，加强成本核算，积极组织工程款回收，正确处理国家、企业与项目及其他单位、个人的利益关系。

（3）签订和组织履行“项目管理目标责任书”，执行企业与业主签订的“项目承包合同”中由项目经理负责履行的各项条款。

（4）对工程项目施工进行有效控制，执行有关技术规范和标准，积极推广应用新技术、新工艺、新材料和项目管理软件集成系统，确保工程质量和工期，实现安全、文明生产，努力提高经济效益。

（5）组织编制工程项目施工组织设计，包括工程进度计划和方案，制定安全生产和保证质量措施，并组织实施。

（6）根据企业年（季）度施工生产计划，组织编制季（月）度施工计划，包括劳动力、材料、构件和机械设备的使用计划。据此与有关部门签订供需租赁合同，并严格履行。

（7）科学组织和管理进入项目工地的人、财、物，做好人力、物力和机械设备等资源的优化配置，沟通、协调和处理与分包单位、建设单位、监理单位之间的关系，及时解决施工中出现的问题。

（8）组织制定项目经理部各类管理人员的职责权限和各项规章制度，搞好与企业各职能部门的业务联系和经济往来，定期向企业经理报告工作。

（9）做好工程竣工结算、资料整理归档，接受企业审计并做好项目经理部的解体与善后工作。

5. 项目经理的权限

赋予施工项目经理一定的权力是确保项目经理承担相应责任的先决条件。为了履行项目经理的职责，施工项目经理必须具有一定的权限，这些权限应由企业法人代表授予，并用制度和目标责任书的形式具体确定下来。施工项目经理在授权和企业规章制度范围内，应具有以下权限：

（1）用人决策权。项目经理有权决定项目管理机构班子的设置，聘任有关管理人员，选择作业队伍。对班子内的成员任职情况进行考核监督，决定奖惩，乃至辞退。当然，项目经理的用人权应当以不违背企业的人事制度为前提。

（2）财务支付权。项目经理应有权根据工程需要和生产计划的安排，做出投资动用、流动资金周转、固定资产机械设备租赁、使用的决策，对项目管理班子内的计酬方式、分配办法、分配方案等做出决策。

（3）进度计划控制权。参与企业进行的施工项目承包招投标和合同签订，并根据项目进度总目标和阶段性目标的要求，对项目建设的进度进行检查、调整，并在资源上进行调配，从而对进度计划进行有效的控制。

（4）技术质量管理权。根据项目管理实施规划或施工组织设计，有权批准重大技术方案和重大技术措施，必要时召开技术方案论证会，把好技术决策关和质量关，防止技术上决策失误，主持处理重大质量事故。

（5）物资采购管理权。按照企业物资采购分类和分工采购方案、目标、到货要求，乃至对供货单位的选择、项目现场存放策略等进行决策和管理。

（6）现场管理协调权。代表公司协调与施工项目有关的内外部关系，有权处理现场突发事件，但事后需及时报企业主管部门。

（7）住房与城乡建设部有关文件中对施工项目经理的管理权力做了以下规定：

1）组织项目管理班子。

2）以企业法人代表的代表身份处理与所承担的工程项目有关的外部关系，受委托签署有关合同。

3）指挥工程项目建设的生产经营活动，调配并管理进入工程项目的人力、资金、物资、机械设备等生产要素。

4）选择施工作业队伍。

5）进行合理的经济分配。

6）企业法定代表人授予的其他管理权力。

6．项目经理利益

项目经理最终的利益是项目经理行使权力和承担责任的结果，也是市场经济条件下责、权、利、效相互统一的具体体现。利益可分为两大类：一是物质兑现，二是精神奖励。项目经理应享受以下利益：

（1）获得基本工资、岗位工资和绩效工资。

（2）在全面完成“项目管理目标责任书”确定的各项责任目标，交工验收并结算后，接受企业的考核和审计，除按规定获得物质奖励外，还可获得记功、优秀项目经理等荣誉称号和其他精神奖励。

（3）经考核和审计，未完成“项目管理目标责任书”确定的责任目标或造成亏损的，按有关条款承担责任，并接受经济或行政处罚。

7．项目经理人选

项目经理必须按照《建筑法》中对专业人员从业管理的规定：从事建筑活动的专业技术人员，应当依法取得相应的职业资格证书，并在职业资格证书许可的范围内从事建筑活动。

中华人民共和国人事部与建设部于 2002 年 12 月 5 日发布“人发[2002111 号]”通知，颁布了《建造师执业资格制度暂行规定》。该制度规定，国家对工程项目总承包和施工管理关键岗位的专业技术人员实行执业资格制度，并纳入全国专业技术人员执业资格制度统一规划。

建造师经注册后，才可以建造师名义担任建设工程项目经理以及从事其他施工活动的管理。建造师分为一级和二级。住房与城乡建设部负责一级建造师执业资格的考试大纲的编写及试题工作，培训统一规划，考、教分开，自愿参加。二级建造师执业资格实行全国统一大纲，各省、自治区、直辖市命题并组织考试。考试合格者发给建造师执业资格证书。取得建造师执业资格证书人员必须经过注册登记方可以建造师名义执业。

建造师的执业范围是：① 担任建设工程项目施工的项目经理；② 从事其他施工活动的管理；③ 法律法规或国务院行政主管部门规定的其他业务。

一级建造师的执业技术能力要求是：具备一定的工程技术、工程管理和相关经济理论水平，具有丰富的施工管理专业知识；能够熟练运用与施工管理业务相关的法律、法规、工程建设强制性标准和行政管理的各项规定；具有丰富的施工管理实践经验和资历，有较强的施工组织能力，能够保证工程质量和安全生产；具有一定外语水平。一级建造师可以担任特级、一级建筑业企业资质的建设工程项目施工的项目经理。

二级建造师的执业技术能力要求是：了解工程建设的法律、法规、工程建设强制性标准及有关行业管理的规定；具有一定的施工管理专业知识；具有一定的施工管理实践经验和资历，有一定的施工组织能力，能够保证工程质量和安全生产。二级建造师可以担任二级及以下建筑业企业资质的建设工程项目施工的项目经理。

选择项目经理应坚持三个基本点：一是选择的方式必须有利于选聘适合项目管理的人担任项目经理；二是产生的程序必须具有一定的资质审查和监督机制；三是最后决定人选必须按照“党委把关、经理聘任”的原则由企业经理任命。

项目经理一经任命产生后，其身份是企业法定代表人在项目上的委托授权代理人，他与企业经理虽然是上下级关系，但双方经过协商，签订了“项目管理目标责任书”，如无特殊原因，在项目未完成前不宜随意更换。

2.1.2 项目经理责任制

1. 项目经理责任制的概念

项目经理责任制是指以项目经理为责任主体的施工项目管理目标责任制度，是项目管理目标实现的具体保障和基本条件。项目经理责任制用以确定项目经理部与企业、职工三者之间的责、权、利关系，它是以施工项目为对象，以项目经理全面负责为前提，以“项目管理目标责任书”为依据，以创优质工程为目标，以求得项目产品的最佳经济效益为目的，实行从施工项目开工到竣工验收的一次性全过程的管理。

2. 项目经理责任制的特点

（1）对象终一性。它以施工项目为对象，实行项目产品形成过程的一次性全面负责，不同于过去企业的年度或阶段性承包。

（2）主体直接性。它实行项目经理负责、全员管理、标价分离、指标考核、项目核算、确保上缴、集约增效、超额奖励的复合型指标责任制，重点突出了项目经理个人的主要责任。

（3）内容全面性。项目经理责任制是根据先进、合理、实用、可行的原则，以保证提高工程质量、缩短工期、降低成本、保证安全和文明施工等各项目标为内容的全过程的目标责任制，它明显地区别于单项承包或利润指标承包。

（4）责任风险性。项目经理责任制充分体现了“指标突出、责任明确、利益直接、考核严格”的基本要求。其最终结果与项目经理部成员，特别是与项目经理的行政晋升、奖、罚等个人利益直接挂钩，经济利益与责任风险同在。

3. 项目经理责任制的作用

（1）有利于明确项目经理与企业、职工三者之间的责、权、利关系。

（2）有利于运用经济手段强化对施工项目的法制管理。

（3）有利于项目规范化、科学化管理和提高工程质量。

（4）有利于促进和提高企业项目管理的经济效益和社会效益，不断解放和发展生产力。

4．实行施工项目经理责任制的条件

实行施工项目经理责任制，必须坚持管理层与劳务作业层分离的原则，依靠市场，实行业务系统化管理，通过人、财、物各要素的优化组合，即发挥系统管理的有效职能，使管理向专业化、科学化发展，赋予项目经理一定的权力，促使施工项目高速、优质、低耗地全面完成。施工项目经理责任制必须具备下列条件：

（1）项目任务落实、开工手续齐全，具有切实可行的项目管理规划大纲或施工组织总设计。

（2）各种工程技术资料、施工图样、劳动力配备、三大主材能按计划落实、提供。

（3）有一批懂法律、会管理、敢负责并掌握施工项目管理技术的人才，组织一个精干、得力、高效的项目管理班子。

（4）建立企业业务工作系统化管理，使企业具有为项目经理部提供人力资源、材料、设备及生活设施等各项服务的功能。

5．施工项目经理责任制的主体与重点

（1）施工项目经理责任制的主体是项目经理个人全面负责，项目管理班子集体全员管理。施工项目管理的成果不仅仅是项目经理个人的功劳。项目管理班子是一个集体，没有集体的团结协作就不会取得成功。由于领导班子明确了分工，使每个成员都分担了一定的责任，大家一致对国家和企业负责，共同享受企业的利益。但是由于责任不同、承担风险也不同，比如项目经理对工程质量要承担终身责任。所以，项目经理责任制的主体必然是项目经理。

（2）施工项目经理责任制的重点在于管理。管理是科学，是规律性的活动。施工项目经理责任制的重点必须放在管理上。如果说企业经理应当是战略家，那么项目经理就应当是战术家。企业经理决定打不打这一仗，是决策者的责任；而项目经理研究如何打好这一仗，是管理者的责任。因此，施工项目经理责任制要注重现代化管理的内涵和运用。

6．项目经理责任制的建立

（1）项目经理与企业经理（法人代表）之间的责任制。一旦项目经理产生后，与企业法定代表人就项目全过程管理签订“项目管理目标责任书”，其内容是对施工项目从开工到竣工验收全过程管理及项目经理部建立、解体和善后处理期间重大问题的办理，事先形成具有企业法规性的文件。这种责任书也是项目经理的“任职目标”。责任书的签订须经双方同意并经企业工会鉴证，使之具有约束力。

“项目管理目标责任书”的内容是：

1）企业各业务部门与项目经理之间的关系。

2）项目经理使用作业队的方式，项目的材料供应方式和机械设备供应方式。

3）按中标价与项目可控责任成本分离的原则确定项目经理目标责任成本。

4）施工项目应达到的质量目标、安全目标、进度目标和文明施工目标。

5）“施工项目管理制度”规定以外的，由法定代表人向项目经理的授权。

6）企业对项目经理进行奖惩的依据、标准、办法及应承担的风险。

7）项目经理解职及项目经理部解体的条件及方法。

8）“项目管理目标责任书”争议的行政解决办法。

在“项目管理目标责任书”的总体指标内，按企业当年综合计划，项目经理与企业经理签订“年度项目经理经营责任状”。因为有些项目经理部承担的任务跨年度，甚至好几

年，如果只有“项目管理目标责任书”而无近期年度责任状，就很难保证工程项目的最终目标实现。确定“年度项目经理经营责任状”应以企业当年统一下达给各项目经理部计划指标为依据，主要内容包括施工产值、工程形象进度、工程质量（含分项工程优良率和单位工程竣工优良率）、成本降低率、文明施工和安全生产要求。

（2）项目经理与本部其他人之间的管理目标责任制。项目经理在实行个人责任的过程中，还必须按“管理的幅度”和“能位匹配”等原则，将“一人负责”转变为“人人尽职尽责”，在内部建立以项目经理为中心的分负责岗位目标管理责任制。

一是按“双向选择、择优聘用”的原则，配备合格的管理班子。

二是明确每一业务岗位的工作职责。按业务系统管理方法，在系统基层业务人员的工作职责基础上，进一步将每一业务岗位工作职责具体化、规范化，尤其是各业务人员之间的分工协作关系，一定要规定清楚。

三是签订系统人员业务上岗责任状，明确各自的责、权、利。这是企业横向目标管理责任制落实到个人的具体反映。

7．项目经理责任制的考核

考核是施工项目管理制度在生效期间的必要内容。考核的目的和作用，是对其经营效果或经济责任制履行情况的总结，也可以说是对责任单位和个人经营活动的合法性、真实性、有效性程度做出符合客观实际的评价。这对于爱护、鼓励和进一步调动责任单位和个人的积极性，维护施工项目责任制的严肃性、公正性、连续性都大有好处。

项目经理部在项目的生产经营中，发挥着相对独立的决策、指挥、协调等各种职能作用，承担着处理企业内外和上下左右各方面的经济关系的责任，因此对项目经理部的考核内容也应是多方面的。

（1）考核依据：主要是“项目管理目标责任书”和项目经理部在考核期内生产经营的实际效果两大部分。

（2）考核内容：项目经理部是企业内部相对独立的生产经营管理实体，其工作的目标，就是通过项目管理活动，确保经济效益和社会效益的提高。因此，考核内容主要也是围绕“两个效益”全面考核并与单位工资总额和个人收入挂钩。工期、质量、安全等指标实行单项考核，奖罚同工资总额挂钩。

（3）考核方法：一是在组织机构上，企业应成立专门的考核领导小组，由主管生产经营的领导挂帅，三总师（总工程师、总经济师、总会计师）及经营、工程、安全、质量、财会、审计等有关部门领导参加。日常工作由企业经营管理部门负责。考核领导小组对个别特殊问题进行研究商量，对整个考核结果集体审核并讨论通过，最后报请企业经理办公室决定。

子单元2 项目经理部

2.2.1 项目经理部概述

1．项目经理部

项目经理部是由项目经理在企业的支持下组建并领导进行项目管理的组织机构。负责施工项目从开工到竣工的全过程施工生产经营的管理工作，既是企业某一施工项目的管理层，又对劳务作业层负有管理与服务的双重职能。

项目经理部由项目经理、项目副经理以及其他技术和管理人员组成。项目经理部各类管理人员的选聘，先由项目经理或企业人事部门推荐，或由本人自荐，经项目经理与企业法定代表人或企业管理组织协商同意后按组织程序聘任。

2．项目经理部的地位

项目经理部直属项目经理领导，接受企业业务部门指导、监督、检查和考核。它是项目管理工作的具体执行机构和监督机构，是在施工项目经理领导下的施工项目管理层。其职能是对施工项目从开工到竣工实行全过程的综合管理。

施工项目经理部是施工项目管理的中心。对企业来说，它是企业的项目责任部门，对企业全面负责；对建设单位来说，它是建设单位成果目标的直接责任者，是建设单位直接监督控制的对象。相对于项目内部成员而言，它是项目独立利益的代表者和保证者，同时也是项目的最高直接管理者。施工项目经理是施工项目经理部的一个成员，是项目部的决策领导者。施工项目经理部是在施工项目经理领导下的机构，要绝对服从施工项目经理的统一指挥；施工项目经理是施工项目利益的代表和全权负责人，其一切行为必须符合施工项目经理部的整体利益。

3．项目经理部的作用

为了充分发挥项目经理部在项目管理中的主体作用，必须对项目经理部的机构设置予以重视，把项目经理部设计好、组建好、运转好，从而发挥其应有功能。

（1）负责施工项目从开工到竣工的全过程施工生产经营的管理，对作业层负有管理与服务的双重职能。作业层工作的质量取决于项目经理部的工作质量。

（2）为项目经理决策提供信息依据，当好参谋，同时又要执行项目经理的决策意图，向项目经理负责。

（3）项目经理部作为组织体，除完成企业所赋予的基本任务——项目管理任务外，还要凝聚管理人员的力量，调动其积极性，促进管理人员的合作，建立为事业献身的精神；协调部门之间、管理人员之间的关系，发挥每个人的岗位作用，为共同目标进行工作；影响和改变管理人员的观念和行为，使个人的思想、行为变为组织文化的积极因素；实行责任制，搞好管理；沟通部门之间、项目经理部与作业队之间、与公司之间、与周围环境之间的关系。

（4）项目经理部是代表企业履行工程承包合同的主体，对项目产品和建设单位全面、全过程负责。

4．项目经理部的设置

项目经理部的设置应根据施工项目管理的实际需要进行。一般情况下，大、中型施工项目，承包人必须在施工现场设立项目经理部，不能用其他组织方式代替。在项目经理部内，应根据目标控制和主要管理的需要设立专业职能部门。小型施工项目，如果由企业法定代表人委托一个项目经理部兼管的，也可以不单独设立项目经理部，但委托兼管应征得项目发包人的同意，并不得削弱兼任管理者的项目管理责任。

2.2.2 项目经理部的组织形式

1．项目经理部设立步骤

(1) 根据企业批准的“项目管理规划大纲”，确定项目经理部的管理任务和组织形式。

（2）确定项目经理部的层次，设立职能部门与工作岗位。

（3）确定人员、职责、权限。

（4）由项目经理根据“项目管理目标责任书”进行目标分解。

（5）组织有关人员制定规章制度、目标责任考核及奖惩制度。

项目经理部经过企业法定代表人批准正式成立后，应以书面文件通知发包人和总监理工程师。

2．项目经理部组织形式

（1）部门控制式。它是按照职能原则建立的项目组织，是在不打乱企业现行建制的条件下，把项目委托给企业内某一专业部门或施工队，由单一部门的领导负责组织项目实施的项目组织形式。

这种项目组织类型一般适用于不涉及众多部门的小型简单项目。例如煤气管道施工项目只涉及焊工、管工等少量技术工种，只交给某一专业施工队即可。如需要专业工程师，可以从技术部门临时借调，该项目可以从这个施工队成员中指定项目经理全权负责。

这种项目组织类型的优点是职责明确，职能专一，关系简单，便于协调；缺点是不能适应大型复杂项目或者涉及多个部门的项目，局限性较大。

（2）混合工程队式。它是完全按照对象原则组织的项目管理机构，企业职能部门处在服从地位。这种项目组织类型适用于大型项目和工期要求紧迫的项目，或者要求多工种、多部门密切配合的项目。一般由公司任命称职的项目经理，由他负责从其他部门抽调或招聘得力人才，组成项目管理班子，然后抽调施工队伍组成混合工程队，归他指挥。所有项目管理班子成员和工作人员在工程建设期间，斩断和原所在部门的领导关系，重新组成新的项目管理经济实体。原单位负责人员负责业务指导及考察，不能随意调回或干预其工作，工作完成后，工程队成员仍返回到原所在单位部门。

混合工程队式项目组织的优点：一是各种人才都在现场，解决问题迅速，减少了扯皮，避免时间浪费；二是权力集中，决策及时，有利于提高工作效率；三是减少了结合部，易于协调关系，避免了行政干预，项目经理易于开展工作。缺点是各类人员集中在一起，同一时期工作量可能差别很大，很容易造成忙闲不均，有些人无事做，有些人特别忙，导致人工浪费；由于同一专业人员分散在不同项目上，相互交流困难，专业职能部门的优势无法发挥作用，致使一个项目上早已解决了的问题，在另一个项目上还在重复研究摸索。

由于上述原因，当人才紧缺而同时有多个项目需要完成时，此种项目组织类型不宜采用。

（3）矩阵式。矩阵式组织是现代大型项目管理中应用最广泛的新型组织形式，是目前推行项目法施工的一种较好的组织形式。它吸收了部门控制和混合工程队式的优点，发挥职能部门的纵向优势和项目组织的横向优势，把职能原则和对象原则结合起来。从组织职能上看，矩阵式组织将企业职能和项目职能有机地结合在一起，形成了一种纵向职能机构和横向项目机构相交叉的“矩阵”型组织形式。

在矩阵式组织中，企业的专业职能部门和临时性项目组织同时相互作用，纵向职能部门负责人对所有的项目中的本专业人员负有组织调配、业务指导和管理的责任；横向项目经理对参加本项目的各种专业人才均负有领导责任，并按项目实施的要求把他们有效地组织协调到一起，为实现项目目标共同配合工作。矩阵中每一个成员都需要接受来自所在部门负责人和所在项目的项目经理的双重领导。对于项目经理来说，他的主要职责是高效率地完成项目，凡到本项目来的成员他都有权调动和使用，当感人力不足或某些成员不得力时，他可以向职能部门请求支援或要求调换，这也使得项目在实施的过程中有了多个职能部门作后盾。矩阵组织形式需要在水平和垂直方向上有良好的沟通与协调配合，因而对整个企业组织和项目组织的管理水平、工作效率和组织渠道的畅通都提出了较高的要求。

（4）事业部式。事业部式的特征是企业成立事业部对企业来说是职能部门，对企业外来说享有相对独立的经营权，可以是独立单位。事业部式可能按地区设置，也可按工程类型或经营内容设置。事业部式能较迅速适应环境变化，提高企业的应变能力，调动部门积极性，当企业向大型化智能化发展并实施作业层和经营管理层分离时，事业部式是一种很受欢迎的选择，既可以加强经营战略管理，又可以加强项目管理。

在事业部式（一般为其中的工程部或开发部，对外工程公司是海外部）下边设置项目经理部，项目经理由事业部选派，一般对事业部负责，有的可以直接对业主负责，根据其授权程度决定。

事业部式项目组织适用于大型工程的承包或者多个项目的承包，特别是适用于远离公司本部的工程承包。需要注意的是，当一个地区只有一个项目，没有后续工程时，不宜设立地区事业部，即它适用于在一个地区内有长期市场或一个企业有多种专业化施工力量时采用。在此情况下，事业部与地区市场同寿命，地区没有项目时，该事业部应予撤销。

事业部式项目组织有利于延伸企业的经营职能，扩大企业的经营业务，便于开拓企业的业务领域，还有利于迅速适应环境变化以加强项目管理。

按事业部式建立项目组织，企业对项目经理部的约束力减弱，协调指导的机会减少，故有时会造成企业结构松散。必须加强制度管理，加大企业的综合协调能力。

3．项目经理部形式的选择

项目经理部的组织形式应根据施工项目的规模、结构复杂程度、专业特点、人员素质和地域范围确定，并应符合下列规定：

（1）大型项目宜按矩阵式项目管理组织设置项目经理部。

（2）远离企业管理层的大中型项目宜按事业部式项目管理组织设置项目经理部。

（3）中小型项目宜按部门控制式项目管理组织设置项目经理部。

（4）项目经理部的人员配置应满足项目管理的需要，职能部门的设置应满足项目管理内容中各项管理内容的需要，大型项目的项目经理必须具有一级建造师资格，管理人员中的高级职称人员不应低于10%。

4．项目经理部组织机构和人员配备

（1）项目经理部组织机构设置的原则

① 目的性原则。成立施工项目组织机构的根本目的，是为了产生组织功能，实施施工项目管理的总目标。从这一根本目标出发，就会因目标，设立相应的组织机构。

② 精干高效原则。施工项目组织机构的人员设置，以能实现施工项目所要求的工作任务为原则，尽量简化机构，做到精干高效。

③ 管理跨度和分层统一的原则。管理跨度亦称管理幅度，是指一个主管人员直接管理的下属人员数量。分层统一是指各个主管又在上一个主管的领导下进行，直至项目经理。

④ 业务系统化管理原则。由于施工项目是一个庞大的系统工程，由众多子系统组成一个大系统，各子系统之间，子系统内部各单位工程之间，不同组织、工种、工序之间，存在着大量的结合部，这就要求项目组织也必须是一个完整的组织结构系统，应该恰当分层和设置部门。

⑤ 弹性和流动性原则。工程建设项目的单件性、阶段性、露天性和流动性是施工项目生产活动的主要特点，必然会带来生产对象数量、质量和地点的变化，带来资源配置品种和数量的变化，故工程建设项目具有弹性（资源的变化）和流动性（工程地点的变化）。

⑥ 项目组织与企业组织一体化原则。项目组织是企业组织的有机组成部分，企业是它的母体，归根结底，项目组织是由企业组建的。

（2）项目经理部门的生产经营组织和人员配备。施工项目经理部门设置和人员配备的指导思想是要把项目经理部建成一个能够代表企业形象面向市场的窗口，真正成为全面履行施工合同的主体。一个项目经理部主要有以下部门：

① 经营核算部门。主要负责预算、合同、索赔、资金收支、成本核算及劳动分配等工作。

② 工程技术部门。主要负责生产调度、技术管理、施工组织设计、劳动力配置及计划统计等工作。

③ 物资设备部门。主要负责材料工具询价、采购、计划供应、管理、运输、机械设备的租赁及配套使用等工作。

④ 监控管理部门。主要负责工程质量、安全管理、消防保卫、文明施工、环境保护等工作。

⑤ 测试计量部门。主要负责计量、测量、试验等工作。

2.2.3 项目经理部的运行

1. 项目经理部管理制度

项目经理部组建以后，应根据企业和项目的实际情况，本着实事求是的原则，在国家有关法律、法规、方针、政策以及部门规章的指导下，着手制定项目经理部规章制度。项目经理部管理制度是建筑企业或项目经理部制定的针对施工项目实施所必需的工作规定和条例的总称；是项目经理部进行项目管理工作的标准和依据；是在企业管理制度的前提下，根据施工项目的要求而制定的；是规范项目管理行为，保证项目目标实现的前提和基础。

施工项目管理制度的作用主要有两点：一是贯彻国家和企业与施工项目有关的法律、法规、方针、政策、标准、规程等，指导本施工项目的管理；二是规范施工项目组织及职工的行为，使之按规定的方法、程序、要求、标准进行施工和管理活动，从而保证施工项目组织按规定的秩序运转，避免发生混乱，保证各项工程的质量和效率，防止出现事故和纰漏，从而使施工项目目标能够顺利实现。

项目经理部各项管理制度的制定，必须配套且针对性强，不能相互之间自相矛盾，要与企业内部承包责任制和项目经理岗位责任制一致。

2. 项目经理部规章制度的内容

（1）项目管理人员岗位责任制度。

（2）项目技术管理制度。

（3）项目质量管理制度。

（4）项目安全管理制度。

（5）项目计划、统计与进度管理制度。

（6）项目成本核算制度。

（7）项目材料、机械设备管理制度。

（8）项目现场管理制度。

（9）项目分配与奖励制度。

（10）项目例会及施工日志制度。

（11）项目分包及劳务管理制度。

（12）项目组织协调制度。

（13）项目信息管理制度。

3．项目经理部的运行

项目经理部的工作应按制度运行，项目经理应加强与下属的沟通。项目经理部的运行应实行岗位责任制，明确各成员的责、权、利，设立岗位考核指标。项目经理应根据项目管理人员岗位责任制对管理人员的责任目标进行检查、考核和奖惩。项目经理部应对作业队伍和分包人实行合同管理，并加强目标控制与工作协调。项目经理是管理机制有效运行的核心，应做好协调工作，并能够严格检查和考核责任目标的实施情况，有效调动全员积极性。

项目经理应组织项目经理部成员认真学习项目的规章制度，及时检查执行情况和执行效果，同时应根据各方面的信息反馈对规章制度、管理方式等及时进行改进、调整和提高。

4．项目经理部的工作内容

（1）在项目经理领导下制定“项目实施规划”及项目管理的各项规章制度。

（2）对进入项目的资源和生产要素进行优化配置和动态管理。

（3）有效控制项目工期、质量、成本和安全等目标。

（4）协调企业内部、项目内部以及项目与外部各系统之间的关系，增进项目内各部门之间的沟通，提高工作效率。

（5）对施工项目目标和管理行为进行分析、考核和评价，并按照各类责任制度执行的结果，实施奖罚。

5．项目经理部的协调

在项目的实施过程中，各种关系错综复杂。就企业而言，存在着企业与行政和行业主管部门之间的关系，企业与业主方、设计方、监理方、金融系统、资源供给系统及相关部门的关系；就企业内部而言，存在着部门与部门之间、人与人之间、上下级之间、党政工团群之间等各种各样的关系；就项目本身而言，除存在企业所具备的各种关系外，还存在着各工序之间、各工种之间、供应商之间等各种关系。在项目的实施过程中，各种关系达几百种、几千种甚至上万种。因此，组织协调和沟通是项目管理的一个核心内容，在很大程度上决定着项目的成败。组织协调可使矛盾的各个方面居于统一体中，解决它们的“界面”问题以及它们之间的不一致和矛盾，使系统结构均衡，使项目实施和运行过程顺利。在项目实施过程中，项目经理是协调的中心和沟通的桥梁。

（1）项目内部关系的组织协调。项目内部关系的组织协调主要是项目内部人际关系的协调、项目经理部与企业管理层关系的协调和项目经理部内部供求关系的协调。

内部人际关系的协调应依据各项规章制度，通过做好思想工作，加强教育培训，提高人员素质等方法来实现。

项目经理部与企业管理层关系的协调应严格按“项目管理目标责任书”的内容进行；项目经理部与劳务作业层关系的协调应依靠履行劳务合同及执行“施工项目管理实施规划”进行。

内部供求关系涉及面广，关系比较复杂，协调工作量相对较大，而且存在很大的随机性，这就要求组织内部首先制定明确、具体的资源需求计划，并对照计划提前部署，严格执行。在实施过程中应充分加强调度工作，做到资源分配的平衡。

（2）施工项目近外层关系和远外层关系的组织协调。施工项目近外层关系主要是指项目经理部与发包人之间的协调、与监理机构关系的协调、与设计单位关系的协调、与材料供应商关系的协调、与分包人关系的协调。施工项目远外层关系的组织协调主要是指与公用、行政主管部门及执法部门的协调等。

2.2.4 项目经理部的解体

1．项目经理部解体条件

项目经理部作为一次性组织在工程项目目标实现后应及时解体。

项目经理部的解体必须具备以下基本条件后才能具体运行。

（1）工程项目已经竣工验收，已经验收单位确认并形成书面材料。

（2）与各分包单位已经结算完毕。

（3）已协助企业管理层与发包人签订了“工程质量保修书”。

（4）“项目管理目标责任书”已经履行完成，经过企业管理层审计合格。

（5）与企业职能部门和相关管理机构完成各种交接手续。

（6）已经完成现场清理工作。

2．项目经理部解体善后工作

（1）企业工程管理部门是施工项目经理部组建和解体善后工作的主管部门，主要负责项目经理部的组建及解体后工程项目在保修期间的善后问题处理，包括因质量问题造成的返（维）修、工程剩余价款的结算以及回收等。

（2）施工项目在工程全部竣工，交工验收签字之日起15天内，项目经理部应根据工作需要向企业工程管理部门写出项目经理部解体申请报告，同时向各业务系统提出本部善后留用和解体合同人员的名单及时间，经有关部门审核批准后执行。

（3）项目经理部在解聘业务工作人员时，为使其有一定的求职时间，要提前发给解聘人员两个月的岗位效益工资。

（4）项目经理部解体前，应成立项目经理为首的善后工作小组，其留守人员由主任工程师、技术、预算、财务、材料各种人员组成，主要负责剩余材料的处理、工程价款的回收、财务账目的结算移交以及解决与甲方未完成的遗留事宜。善后工作一般规定为三个月（从工程管理部门批准项目经理部解体之日起计算）。

（5）施工项目完成后，还要考虑该项目的保修问题，因此在项目经理部解体与工程结算前，要由经营和工程部门根据竣工时间和质量等级确定工程保修费的预留比例。

单元小结

建筑工程项目管理体系主要介绍项目经理的任职条件，如何组成项目经理部。项目经理是指受企业法定代表人委托和授权，在建设工程项目施工中担任项目经理岗位职务，直接负责工程项目施工的组织实施者，对建设工程项目施工全过程、全面负责的项目管理者。项目经理责任制是指以项目经理为责任主体的施工项目管理目标责任制度，是项目管理目标实现的具体保障和基本条件。项目经理部是由项目经理在企业的支持下组建并领导进行项目管理的组织机构。项目经理部是施工项目管理的工作班子，置于项目经理的领导之下。为了充分发挥项目经理部在项目管理中的主体作用，必须对项目经理部的机构设置要特别重视，把项目经理部设计好、组建好、运转好，从而发挥其应有功能。否则项目经理部就不能正常运行，影响工程项目的正常管理。

思考与拓展

1. 具备什么条件才能成为项目经理？
2. 什么是法人？
3. 项目经理与法人是什么关系？

训练题

1. 项目经理的权限有（　　）。
   A. 用人决策权和财务支付权　　B. 进度计划控制权
   C. 技术质量管理权　　D. 物资采购管理权和现场管理协调权
2. 建设部有关文件中对施工项目经理的管理权力有（　　）。
   A. 组织项目管理班子；以企业法人代表的代表身份处理与所承担的工程项目有关的外部关系，受委托签署有关合同
   B. 指挥工程项目建设的生产经营活动，调配并管理进入工程项目的生产要素
   C. 选择施工作业队伍
   D. 进行合理的经济分配
3. 项目经理利益有（　　）。
   A. 获得基本工资、岗位工资和绩效工资
   B. 按规定获得物质奖励外，还可获得记功、优秀项目经理等荣誉称号和其他精神奖励
   C. 未完成“项目管理目标责任书”确定的责任目标或造成亏损的，接受经济或行政处罚
   D. 参与项目的分红
4. 建造师分为（　　）。
   A. 一级　　B. 二级　　C. 三级　　D. 四级
5. 项目经理责任制的特点是（　　）。
   A. 对象终一性　　B. 主体直接性　　C. 内容全面性　　D. 责任风险性
6. 项目经理部组织形式有（　　）。
   A. 部门控制式　　B. 混合工程队式　　C. 矩阵式　　D. 事业部式

单元3 建筑工程项目合同管理

学习目标：

1. 掌握建筑工程合同管理的概念。
2. 了解施工合同执行的各个过程。
3. 会运用所学知识订立建筑工程合同。

重点难点：

本单元的重点是建筑工程合同的管理和分类，建筑工程合同的主要条款。难点是建筑工程施工合同如何订立、履行、变更、解除和索赔。

子单元1 施工项目合同概述

3.1.1 建筑工程合同

1. 合同

合同又称契约，是指双方或者多方当事人，包括自然人和法人，关于订立、变更、解除民事权利和义务关系的协议。从合同的定义来看，合同具有下列法律上的特征：

(1) 合同是一种法律行为。这种法律行为使签订合同的双方当事人产生一种权利和义务关系，受到国家强制力保护（即法律的保护），任何一方不履行或不完全履行合同，都要承担经济上或者法律上的责任。

(2) 合同是当事人双方的法律行为。合同的订立必须是合同双方当事人意思的表示，只有双方的意思表示一致时，合同才能成立。

(3) 双方当事人在合同中具有平等的地位。双方当事人应当以平等的民事主体地位来协商制定合同，任何一方不得把自己的意志强加于另一方，任何单位机构不得非法干预，这是当事人自由表达其意志的前提，也是合同双方权利、义务相互对等的基础。

(4) 合同应是一种合法的法律行为。合同是国家规定的一种法律制度，双方当事人按照法律规范的要求达成协议，从而产生双方所预期的法律后果。合同必须遵循国家法律、行政法规的规定，并为国家所承认和保护。

(5) 合同关系是一种法律关系。这种法律关系不是一般的道德关系。合同制度是一项重要的民事法律制度，它具有强制的性质，不履行合同要受到国家法律的制裁。

综上所述，合同是双方当事人依照法律的规定而达成的协议。合同依法成立，即具有法律约束力，在合同双方当事人之间产生权利和义务的法律关系。合同正是通过这种权利和义务的约束，促使签订合同的双方当事人认真全面地履行合同。

2．建筑工程合同的概念和种类

建筑工程合同又称工程项目合同，是指在项目建设过程中的各个主体之间订立的经济合同。工程项目合同不仅仅是一份合同，而且是由各个不同主体之间的合同组成的合同体系。

（1）工程项目合同可分为：勘察设计合同、建设监理合同、土建安装工程承包合同、工程材料和机械设备供应合同、加工订货合同、工程咨询合同。

① 勘察设计合同。勘察设计合同是发包方与承包方为完成勘察设计任务，明确双方权利和义务关系的协议。发包方可以是建设单位也可以是全过程承包的总承包商，承包方是持有勘察设计证书的勘察设计单位。

② 建设监理合同。建设监理合同是工程项目的建设单位委托监理单位对工程项目实施阶段的建设行为，实行监督管理的协议。委托方必须委托与工程等级、工程类别相适应的，具有相应资质等级的监理单位进行工程监理。

③ 土建安装工程承包合同（施工项目合同）。土建安装工程承包合同是建设单位与承包商为完成商定的施工安装工作内容，明确双方权利、义务关系的协议。

④ 工程材料和机械设备供应合同。合同的供方一般为物资供应商或机械设备的生产厂家，需方应按土建安装施工合同中对供应物资责任方的规定进行。需方可能是建设单位，也可能是总承包商。

⑤ 加工订货合同。在项目建设工程中加工订货合同很多。加工订货合同的标的通常称为定做物。定做物可以是构件、机组设备或施工产品。加工订货合同的委托方称为定做方，该方需要定做物；另一方称为承揽方，为定做方完成定做物加工。

⑥ 工程咨询合同。工程咨询合同是就特定的技术项目提供可行性论证、技术预测、专项技术调查、分析评估报告等所订立的合同。合同当事人一方是建设单位或承包商，他们提出咨询要求，称为委托方。另一方是提供咨询的单位或个人，称为顾问方。

（2）按合同所包括的工程范围和承包关系划分有以下几种类型：总包合同和分包合同。

① 总包合同。它是指业主与总承包商之间就某一工程项目的承包内容签订的合同。总包合同的当事人是业主和总承包商。工程项目中所涉及的权利义务关系，只能在业主和总承包商之间发生。

② 分包合同。它是指总承包商将工程项目的某部分或单项工程分包给某一分包商来完成所签订的合同。分包合同的当事人是总承包商和分包商。工程项目所涉及的权利义务关系，只能在总承包商与分包商之间发生。

3.1.2 合同的主要条款

1．标的

标的是指经济合同当事人双方权利义务共同指向的事物，通常它是指货物、劳务、工程项目以及货币等。依据不同种类的经济合同，其标的也不同。例如建筑安装工程承包合同的标的是建筑工程项目。

标的是经济合同的核心，它是当事人双方权利义务的焦点。尽管当事人双方签订经济合同的主观意向各不相同，但最终必须集中在同一标的上。因此，当事人双方签订经济合同时，首先要明确标的，没有标的或者标的不明确，必然会导致经济合同无法履行，甚至产生纠纷。

2．数量

数量是计算标的尺度，把标的定量化，以便计算价格和酬金。如果标的没有数量，就无法确定当事人双方权利和义务的大小。国家颁发的《在我国统一实行法定计量单位的命令》规定，签订经济合同时，必须使用国家法定计量单位做到计量标准化、规范化。计量单位不统一，一方面会降低工作效率，另一方面也会因误解而产生纠纷，甚至发生差错而使当事人蒙受损失。

3．质量

质量是标的物内在的特殊物质属性和社会属性，是不同标的物之间差异的具体特征。它是标的物价值和使用价值的集中表现，并决定着标的物的经济效益和社会效益，还直接关系到生产的安全和人身的健康。因此，签订经济合同时，必须对标的物的质量作出明确的规定。标的质量，有国家标准的按国家标准签订；没有国家标准，但有行业标准的按行业标准签订；没有上述标准，但有地方标准或者企业出厂标准的（如产品说明书、合格证书），均应写明相应的质量标准。

4．价款或者酬金

价款和酬金简称价金。价款，通常是指当事人一方为取得对方转让的标的物，而支付给对方一定数额的货币。酬金，通常是指当事人一方为对方提供服务，而获取一定数额货币的报酬。价款是商品单价乘以商品数量或者再加上其他必需费用的总额，商品单价是价款的决定性因素。当事人在签订经济合同时，应接受工商行政管理机关和物价管理部门的监督，不得违反有关政策的规定，哄抬物价、倒买倒卖、投机倒把，扰乱社会秩序。

5．履行的期限、地点和方式

（1）履行期限。履行期限是指当事人交付标的物和支付价金的日期。也就是依据经济合同的规定，权利要求义务人履行义务的请求权发生的时间。经济合同的履行是一项非常重要的条款，不论计划经济合同或者市场经济合同，都必须写明具体的履行起止日期，否则就会形成义务人在任意期限内履行义务或者无限期地拖延义务的履行，而不承担违约责任，引起商品生产经营者的供、产、销失调，或者使市场经济商品生产经营者丧失竞争能力而造成经济损失，最终酿成经济纠纷。

（2）履行地点。履行地点是指当事人交付标的物和支付价金的地点。它包括标的物交付地点、服务、劳务或工程项目建设的地点、价金结算地点等。经济合同履行地点也是一项重要条款，它不仅关系到权利人和义务人义务发生地的依据，还关系到仲裁机关和人民法院受理经济合同纠纷案件的管辖问题。因此，经济合同当事人双方签订合同时，必须将履行地点写明，并且要写得具体、准确，以免发生差错引起纠纷。

（3）履行方式。履行方式是指经济合同规定当事人双方以何种具体方式转移标的物和结算价金。履行方式要视所签订的合同性质而定。

（4）违约责任。违约责任是指经济合同规定当事人一方或双方不履行义务时，必须承担的经济法律责任。违约责任包括支付违约金、偿付赔偿金以及发生意外事故的处理等其他责任。法律有规定责任范围的按规定处理，法律没有规定责任范围的由当事人双方协商办理。

违约责任条款是一项十分重要而又往往被人们忽视的条款。首先，它对经济合同正常顺利履行，具有担保作用，是一项制裁性条款，对当事人履行合同具有约束力；其次，它的制裁性使一些存有陈腐观念，习惯于运用行政手段调解纠纷的人“犯忌”，认为签订合同是“君子协定”，何必谈违约责任，怕伤面子。鉴于上述情况当事人签订经济合同时，必须写明违约责任，否则，有关主管机关不予登记，鉴证机关不予鉴证，公证机关不予公证。

3.1.3 建筑工程合同的作用

（1）可明确项目当事人之间的关系，确定业主和承包商的权利义务，利于改善项目工作的管理。建筑工程合同主要是承包商和业主双方行为的准则，对双方起制约作用，它以平等、协商的契约关系取代了传统项目管理中的行政命令关系，使得项目的实施和管理更为科学、有效。

（2）建筑工程合同是项目实施的法律依据。建筑工程合同一般都具体地规定了项目的标的、所要达到的要求、起始时间和终止时间、成本约束等内容，这些条款和内容说明在项目实施中有了明确的目标和依据。同时建筑工程合同在法律上有如下的作用，即依法保护合同当事人、关系人的权益，依法追究违反合同的当事人，按照合同的规定处理纠纷进行索赔等。

（3）建筑工程合同有利于国际间的相互交流与协作。建筑工程合同的规范化，利于我国项目管理企业进入国际市场，参与国际竞争，也利于我国引进外资、引进国外的技术项目。

3.1.4 建筑工程合同的特征

（1）建设工程合同的主体是以法人为主，也可以是自然人或者其他组织。

（2）建设工程合同的标的是建设工程。

（3）国家对建设工程进行应有的管理。

（4）建设工程合同是具有程序性的要式合同。

（5）国家基本建设工程体现计划性特征。

（6）建设工种合同应采取书面形式。

子单元 2 施工项目合同的订立

3.2.1 施工项目合同订立的原则和依据

1．施工项目合同订立的原则

（1）“合同当事人的法律地位平等，一方不得将自己的意志强加于另一方。”平等原则的基本含义是，当事人无论具有什么身份，在合同关系中相互之间的法律地位是平等的，都是独立的、平等的合同当事人，没有高低、从属之分，都必须遵守法律规定，必须尊重对方以及其他当事人的意志。

法律地位平等是合同自愿原则的前提条件，如果当事人的地位都不平等，就做不到协商一致，更谈不到合同自愿了。

（2）“当事人依法享有自愿订立合同的权利，任何单位和个人不得非法干预。”合同当事人通

过协商，自愿决定和调整相互之间的权利义务关系。合同自愿原则在合同法中表现在：一是当事人之间订立合同法律地位平等，要协商一致，一方不得将自己的意志强加给另一方；二是当事人依法享有自愿订立合同的权利，任何单位和个人不得非法干预；三是任何违背当事人意志的合同内容都是无效的或者是可撤销的。

合同自愿原则贯彻于合同订立和履行的全过程之中。只要不违背法律和行政法规的强制性规定，合同当事人有权约定任何事项。首先，当事人订立合同是自愿的，完全由自己的意愿决定；第二，自愿选择订立合同的对方当事人；第三，在遵守法律的前提下自愿约定合同的内容；第四，自愿选择合同的方式；第五，合同履行过程中，当事人可以自愿协议补充或者变更有关内容，也可以自愿协议解除合同；第六，发生争议时，当事人可以自愿选择解决争议的方式。

(3)“当事人应当遵循公平原则确定各方的权利和义务。”公平是法律最基本的价值取向，法律的基本目标就是在公平与正义的基础上建立社会的秩序。公平原则要求合同当事人根据公平、正义的观念确定各方的权利义务，各方当事人都应当在不侵害他人合法权益的基础上实现自己的利益，不得滥用自己的权利。

(4)“当事人行使权利、履行义务应当遵循诚实信用原则。”诚实信用原则的含义是，当事人在合同活动中应当讲诚实、守信用，以善意的方式履行自己的义务，不得规避法律和合同义务。诚实信用原则在合同活动中的具体运用表现在以下几个方面：第一，当事人应当以善意的方式行使权利，不得以损害他人为目的滥用权利；第二，当事人应当以诚实的、自觉的方式履行义务；第三，当事人应当以事实求是的态度对自己的行为负责。

(5)“当事人订立、履行合同，应当遵守法律、行政法规，尊重社会公德，不得扰乱社会经济秩序，损害社会公共利益。”社会公德即社会公共生活准则，是指人们在社会公共生活中应该遵循的基本准则。社会公共利益是指全体社会成员的共同利益。遵守法律，是法治国家对每一个社会成员和组织的基本要求。尊重社会公德，则是每一个有良心的社会成员参与社会生活的自觉行为准则。

合同主要涉及当事人自己的利益，因此国家一般不予干涉，由当事人自己约定，采取自愿原则。但是，当事人在社会中彼此之间发生的权利义务关系，可能会对其他社会成员产生影响，可能会涉及经济秩序、社会公共利益，因此合同自愿原则也不是绝对的，当事人必须要对自己的行为有所约束，这种约束来自于法律和道德。为了维护社会公共利益，维护社会经济秩序，对于损害社会公共利益、扰乱社会经济秩序的行为，国家应当予以干预。国家的干预要依法进行，通过法律、行政法规作出规定。

2．合同订立的依据

施工项目合同的订立应依据我国有关法律、建筑行业及有关部门颁发的条例及管理法规、招标文件等，如《合同法》、《建筑工程项目管理规范》、《招投标法》、《建筑工程质量管理条例》等。

3.2.2 施工项目合同订立的程序

订立施工项目合同的程序是指当事人双方依法就施工项目合同的主要条款经过协商一致，并签署书面协议的过程。订立施工项目合同的过程一般先由当事人一方提出要约，再由另一方作出承诺的意思表示，签字、盖章后合同即告成立。在法律上，把订立施工项目合同的全过程分为要约和承诺两个阶段。要约和承诺属于法律行为，当事人双方一旦作出相应的表示，就要受到法律的约束。

1．要约

要约是指当事人一方向另一方提出订立合同的要求和合同的主要条款，并限定其作出答复期限的经济活动。

要约是一种法律行为。在要约规定的有效期限内，要约人受到要约的法律约束。对方如接受要约时，要约人负有与对方签订经济合同的义务。出售特定的要约，要约人不得再向第三人提出同样的要约或者与第三人订立同样的经济合同，否则，对由此造成对方损失的，负有赔偿责任。除有预先声明不受约束外，要约人把要约送达受要约人时生效，要约人受其约束；被撤回、被拒绝或者承诺期限届满的要约，则失去约束力。

要约在通常情况下都是由要约人向特定发出，并由该特定人作出承诺。但是，在特殊情况下，要约人也可以向非特定人发出要约，例如招标等。应当指出的是在现实社会经济生活中，当事人一方通过广告，寄发产品说明书、产品样本或目录等宣传推销行为不构成要约，只能称为要约引诱。

2．承诺

承诺是指当事人一方对另一方发来的要约在要约有效期限内，作出完全同意要约条款表示的经济活动。

承诺也是一种法律行为，承诺必须由要约的相对人在要约有效期内向要约人作出。承诺必须是承诺人作出完全同意要约的条款，才能有效。如果要约的相对人要对要约中的某些条款要求修改、补充、部分同意、附有条件，或者另行提出新的条件，以及迟到送达的承诺，都被视为拒绝要约人的要约，而称为新要约。如果由第三人作出承诺，属于无效承诺，也被视为新要约。

承诺作为一种法律行为还表现在承诺人一旦向对方表示承诺，当事人双方作出了共同一致的意思表示，经济合同即告成立，双方就负有履行经济合同的义务，否则必须承担相应的法律责任。

要约和承诺是订立经济合同的两个重要步骤，当事人可以采用口头方式或者书面方式。法律规定，除及时结清的经济合同可以采用口头形式外，其他经济合同均应采用书面形式。要约中有规定承诺期限的，受要约人在合理的时间内未承诺，要约即失效。如口头要约，受要约人不立即承诺，要约即失效；当事人另有约定的除外。所谓合理的时间，包括函、电往返所需的时间和受要约人考虑、决定是否承诺所需的时间。

书面要约、承诺应包括要约人、承诺人的签字和盖章。需法人签订的合同，应当由其法定代表人或者经办人签字或盖章，并加盖法人的公章或者合同专用章。

在订立经济合同中，通常须经当事人双方反复协商，最终达成协议。表现在订立经济合同的程序上，是“要约—新要约—再要约—再新要约—直至承诺”的过程，最终合同才告成立。

国家法律规定或当事人双方约定，合同必须经过鉴证、公证或主管部门登记批准的，则应按有关程序履行手续完毕后，经济合同方能发生法律效力。

《建设工程项目管理规范》明确规定：“施工合同和分包合同必须以书面形式订立。施工过程中的各种原因造成的洽商变更内容，必须以书面形式签认，并作为合同的组成部分。”所以施工项目的合同成立的时间以合同双方在合同协议书上签字或盖章的时间为准。承包商在签订合同之前，一定要仔细审核合同的各个条款，尤其是一些关键性条款、风险性条款和合同的实质性内容，

例如双方的责任范围、工程验收、变更及违约条款、合同单价、付款和计息方式条款以及各种可能风险的分担条款等。

《建设工程项目管理规范》还对施工合同的订立作了具体的程序规定：

（1）接受中标通知书。

（2）组成包括项目经理在内的谈判小组。

（3）草拟合同专用条件。

（4）谈判。

（5）参照发包人拟定的合同条件或施工合同示范文本与发包人订立施工合同。

（6）合同双方在合同管理部门备案并缴纳印花税。

3.2.3　施工项目合同的谈判

1．初步洽谈阶段

在初步接洽中，项目合同的双方当事人一般是为达到一个预期的效果，就双方各自最感兴趣的事项，相互向对方提出，澄清一些问题。这些问题一般包括：项目的名称、规模、内容和所要达到的目标与要求；项目是否列入年度计划或实施的许可；当事人双方的主体性质；双方主体以往是否从事参与过同类或相类似的项目开发、实施；双方主体的资质状况与信誉；项目是否已具备实施的条件等等。以上一些问题，有的可以是当场予以澄清，有的可能当场不能澄清。

2．实质性谈判阶段

实质性谈判是双方在广泛取得相互了解的基础上举行的，主要是双方就项目合同的主要条款进行具体商谈。项目合同的主要条款一般包括：标的、数量和质量、价款或酬金、履行、验收、违约责任等条款。

（1）标的。标的是指合同权利义务所指的对象。因此有关标的谈判，双方当事人都必须严肃对待。特别是当项目合同的标的比较复杂时，应力求叙述完整、准确，不得出现遗漏及概念混淆的现象。

（2）质量和数量。项目合同中的质量与数量应严格注明标的物的数量和质量要求以及符合哪些规范标准要求。由于数量和质量涉及双方的权利与义务，所以要慎重处理。这一问题在涉外合同中尤为突出。另外，还要注意对质量标准达成共识。

（3）价款或酬金。价款或酬金是谈判中最主要的议项之一。价款或酬金采用何种货币计算和支付是至关重要的，这在国内合同中不成问题，但在涉外合同中，以何种货币计算和支付是至关重要的。这里还涉及汇率问题，一般可以选择比较坚挺、汇率比较稳定的硬通货。目前大多数涉外合同的价款或酬金还都以美元计算和支付。此外，考虑到汇率的浮动还应注意选择购入外汇的时机，以及考虑购买外汇达到保值。把握价格也是重要的环节，必须掌握各类产品的市场动态，可以通过比价、询价、生产厂家让利或者组织委托招标等手段使自己处于有利位置。

（4）履行的期限、方式和地点，合同谈判中应逐项加以明确规定。履约的方式和地点直接关系到以后可能发生的纠纷管辖地，要有所注意。此外，履行的方式和运杂费、保险费由何方承担，关系到标的物的风险从什么时间开始由一方转向另一方。

（5）验收方法。合同谈判中应明确规定何时验收，验收的标准及验收的人员或机构。

（6）违约责任。当事人应就双方可能出现的错误而导致影响项目的完成而订立违约责任条款，明确双方的责任。具体规定还应符合法律规定的违约金限额和赔偿责任。

3．签约阶段

签订项目合同必须尽可能明确、具体、条款完备，避免使用含糊不清的词句。一般应严格控制合同中的限制性条款；明确规定合同生效条件、合同有效期以及延长的条件和程序；对仲裁和法律适用条款做出明确的规定；对选择仲裁或诉讼做出明确约定。另外在合同文件正式签订前，应组织有关专业和会计人员、律师对合同条款进行仔细推敲，在双方对合同内容达成一致意见后，再进行签订。重大项目合同的签订应有律师、公证人员参加，由律师见证或公证人员公证。只有高度重视合同签订的规范化，才能使合同真正起到确认和保护当事人双方合法权益的作用。

子单元 3　施工项目合同的履约

施工合同签订后，承包商要针对承包项目设立项目经理部，由项目经理部具体负责施工合同的履行。项目经理部要设一名总负责人，即项目经理。项目经理是项目实施阶段的第一负责人，直接就所承担项目向业主负责。《建设工程项目管理规范》规定："项目经理部必须履行施工合同，并应在施工合同履行前对合同内容、重点或关键性问题作出特别说明和提示，向各职能部门人员交底，落实施工合同确定的目标，依据施工合同指导工程实施和项目管理工作。"

3.3.1　施工合同双方的权利与义务

1．业主（发包人）的权利与义务

（1）发包人在不妨碍承包人正常作业的情况下，可以随时对作业进度、质量进行检查。

（2）建设工程的发包人应对建设工程进行竣工验收、支付价款。建设工程竣工后，发包人应当根据施工图样及说明书、国家颁发的施工验收规范和质量检验标准进行验收，验收合格的，发包人应当按照合同约定支付价款，并且接收该建设工程。建设工程竣工经验收合格后，方可交付使用；未经验收或者验收不合格的，不得交付使用。

（3）建设工程质量不合格时发包人的权利。因施工方的原因致使建设工程质量不符合约定的，发包人有权请求承包人在合理期限内无偿修理或者返工、改建。经过修理或者返工、改建后，造成逾期交付的，承包人应当承担违约责任。

（4）因发包人的原因致使工程中途停建、缓建的，发包人应当采取的措施和承担的责任。因发包人的原因致使工程中途停建、缓建的，发包人应当采取措施弥补或者减少损失，赔偿承包人因此造成的停工、窝工、倒运、机械设备调迁、材料和构件积压等损失和实际费用。

2．承包人的权利和义务

（1）发包人不按时提供原料时承包人的权利。发包人未按照约定的时间和要求提供原料、设备、场地、资金、技术资料的，承包人可以要求顺延工程日期，还可以请求赔偿停工、窝工等损失。

（2）发包人不及时检查隐蔽工程时承包人的权利。根据《合同法》第二百七十八条规定，隐蔽工程在隐蔽以前，承包人应当通知发包人检查。发包人没有及时检查的，承包人顺延工程日期，并可以要求赔偿停工、窝工等损失。

（3）建设工程竣工后发包人未按照约定支付价款，承包人所享有的权利。发包人未按照约定

支付价款的，承包人可以催告发包人在合理期限内支付价款。发包人逾期不支付的，除按照建设工程的性质不宜折价、拍卖的以外，承包人可以与发包人协议将该工程折价，也可以申请人民法院将该工程依法拍卖。建设工程的价款就该工程折价或者拍卖的价款优先受偿。

（4）因承包人的原因致使建设工程在合理使用期限内造成人身和财产损害的，承包人应当承担的责任。因承包人的原因致使建设工程在合理使用期限内造成人身和财产损害的，承包人应当承担损害赔偿责任。

3.3.2 施工合同的履行

1．合同的履行原则

合同的履行原则是指合同当事人在履行合同过程中所应遵循的基本准则。合同的履行原则，作为合同当事人履行合同的基本准则，有些是整个合同法的基本原则，如诚实信用原则；有些则是专属于合同履行的基本原则，如全面履行原则。《合同法》第六十条第一款规定的是全面履行原则，第二款规定的是诚实信用原则。

（1）全面履行原则。全面履行原则又称适当履行原则或者正确履行原则，是指当事人按照合同约定的主体、标的、数量、质量、价款或者报酬等，在适当的履行期限、履行地点，以适当的履行方式，全面完成合同义务的履行原则。《合同法》第六十条规定，当事人应当按照约定全面履行自己的义务。

全面履行原则是合同当事人是否全面履行了合同义务以及当事人是否存在违约事实以及是否承担违约责任的重要法律准则。

（2）诚实信用原则。诚实信用原则是指当事人在履行合同义务时，秉承诚实、守信、善意，不滥用权利或者规避义务的原则。此外，诚实信用原则要求在合同履行过程中确保合同利益关系的平衡。当事人应当遵循诚实信用的原则，根据合同的性质、目的和交易习惯，履行通知、协助、保密等义务。

遵循诚实信用原则，除了强调各方当事人按照法律规定或者合同约定全面履行合同义务这一最基本的内涵外，更重要的是强调当事人应当履行依据诚实信用原则所产生的附属义务。这些附属义务包括通知、协助、保密等。

2．施工合同的履行

（1）合同条款存在缺陷时履行规则。如果由于某些主客观因素，致使合同欠缺某些必要条款，或者某些条款约定不明，合同履行难以进行时，《合同法》规定，合同生效后，当事人就质量、价款或者报酬、履行地点等内容没有约定或者约定不明确的，可以协议补充；不能达成补充协议的，按照合同有关条款或者交易习惯确定。

解决合同条款缺陷主要有两种方式：一是协议补缺，二是规则补缺。

1）协议补缺。各方当事人根据平等、自愿、公平、诚信的原则，对合同的内容协商一致，合同便告成立。这种协商一致可以在合同订立阶段达成，也可以在履行阶段达成，甚至可以在发生合同纠纷以后就解决争议问题时达成。因此，合同生效后，在合同的质量、价款或者报酬、履行地点等内容没有约定或者约定不明确时，各方当事人可以依照合同订立的原则就没有约定或者约定不够明确的条款继续协商，达成补充协议。这种补充协议和原协议一样反映了各方当事人的共同愿望，因此，补充协议和原协议一样具有法律约束力，成为各方当事人履行合同的依据。

2）规则补缺。规则补缺是指在合同条款没有约定或者约定不够明确，且各方当事人无法就此缺陷进行协议补充的情况下，根据平等、自愿、公平、诚信的原则，对当事人欠缺或者没有明确的意思进行补充，以使合同能够顺利履行。

(2）合同履行过程中价格发生变动时的履行规则。合同在履行过程中价格发生变动是比较普遍的问题，特别是履行期限较长的合同。目前，国家正在实行并逐步完善宏观经济调控下主要由市场形成的价格机制。大多数商品和服务价格实行市场调节价，极少数商品和服务价格实行政府指导价或者政府定价。

(3)债务人向第三人履行债务时的履行规则。当事人可以约定由债务人向第三人履行债务的，债务人未向第三人履行债务或者履行债务不符合约定的，应当向债权人承担违约责任。

(4）第三人向债权人履行债务时的履行规则。第三人向债权人履行债务，是指在某些情况下合同以外的第三人替代债务人向债权人履行义务的行为。

(5）双务合同中的同时履行规则。同时履行规则是指在双务合同中，当事人对履行顺序没有约定的，或者根据交易习惯无法确定先后顺序时，当事人应当同时履行自己义务的规则。

(6）双务合同中的顺序履行规则。顺序履行规则是指在双务合同中，当事人债务履行有先后顺序时，当事人应当按照履行先后顺序履行自己义务的规则。

(7）债权人发生变化时的履行规则。《合同法》第七十条规定，债权人分立、合并或者变更住所没有通知债务人，致使履行债务发生困难的，债务人可以中止履行或者将标的物提存。

(8）债务人提前履行债务的履行规则。债权人可以拒绝债务人提前履行债务，但提前履行不损害债权人利益的除外。债务人提前履行债务给债权人增加的费用，由债务人负担。

(9）债务人部分履行债务的履行规则。债权人可以拒绝债务人部分履行债务，但部分履行不损害债权人利益的除外。债务人部分履行债务给债权人增加的费用，由债务人负担。

(10）当事人不因某些变动而影响合同履行的履行规则。合同生效后，当事人不得因姓名、名称的变更或者法定代表人、负责人、承办人的变动而不履行合同的义务。

合同当事人具有特定性和相对性的特点。当事人姓名、名称的变化，当事人的权利能力和行为能力并无变化，因此，当事人的履约义务并未发生变化，当事人必须继续履行合同义务，超过合同履行期限不履行合同义务，则须承担违约责任。当事人的法定代表人、负责人、承办人，均不是合同的当事人，其订立合同时是代表法人进行的，不是个人行为，法人应当承担责任，不能因法定代表人、负责人、承办人的变化而影响合同当事人义务的履行，合同当事人应当全面履行合同所规定的义务。

子单元4　施工合同的变更、解除、终止

3.4.1　施工合同的变更、解除

1．施工合同的变更

施工合同依法成立后，在尚未履行或尚未完全履行时，当事人双方依法经过协商，对合同内容进行修订或调整所达成的协议，称为施工合同变更。

当事人可以对原订合同的部分条款作出修改、补充或增加新的条款。例如，对合同规定

的标的的数量、质量、价格、履行方式等提出变更；又如订立经济合同的法人发生合并或分立等情况，就会因权利和义务的转移而引起经济合同法律关系主体—— 当事人的变更。

施工合同变更包括下述几个方面的含义：

（1）施工合同变更的期间为合同订立之后到合同没有完全履行之前。

（2）施工合同变更是依合同的存在而存在的。

（3）施工合同变更是对原合同部分内容的变动或修改。

（4）施工合同变更一般需要有双方当事人的一致同意。

（5）施工合同变更属于合法行为。合同变更不得有违法行为，违法协商变更的合同属于无效变更，不具有法律约束力。

（6）施工合同变更须遵守法定的程序和形式。

（7）施工合同变更并没有完全取消原有的债权债务关系，合同变更涉及的不能履行的义务没有消灭，没有履行义务的一方仍须承担不履行义务的责任。

在现实实践中施工合同变更主要有以下内容：

（1）工程设计变更。施工合同变更的内容包括工程设计变更引起的合同变更，其内容包括：

① 更改工程有关部分的标高、基线、位置和尺寸。

② 增减合同中约定的工程量。

③ 改变有关工程的施工时间和顺序。

④ 其他有关工程变更需要的附加工作。

因工程设计变更导致合同价款的增减及造成承包人的损失由发包人承担，延误的工期相应顺延。

（2）承包人在施工中提的合理化建议，涉及对设计图样或施工组织设计的变更，和对材料、设备的换用的，须经监理工程师同意。

（3）其他变更。如暂停施工、工期延长、不可抗力发生等也将导致合同的变更。

2．施工合同的解除

施工合同依法成立后，在尚未履行或尚未完全履行时，当事人双方依法经过协商，就提前终止合同达成新的协议，称为施工合同的解除。

经济合同解除后，当事人原来订立的经济合同的法律效力即行终止，双方的经济合同法律关系也即消灭。如果施工合同成立后，当事人双方并没有履行，那么合同被解除时，其法律效力即提前终止，不再履行；如果施工合同成立后，已经部分履行的，尚未履行的部分应当终止履行。合同被解除的，只限于提前终止尚未履行部分的法律效力，当事人双方对已经履行部分仍应依据合同的规定享有权利并承担义务。

3.4.2 施工合同变更、解除的条件

施工合同一般须具备下列条件才能变更或解除。

（1）双方当事人确实自愿协商同意，并且不因此损害国家利益和社会公共利益。

（2）由于不可抵抗力致使施工合同的全部义务不能履行。

（3）由于另一方在施工合同约定的期限内没有履行合同，且在被允许推迟履行的合理期限内仍未履行。

（4）由于施工合同当事人的一方违反合同的约定，以致严重影响订立施工合同时所期望实现的目的或致使施工合同的履行成为不必要。

（5）施工合同约定，解除施工合同的条件已经出现的时候。

3.4.3 施工合同变更、解除的程序

变更或解除施工合同的程序是指当事人一方向对方发出要约，请求变更或解除合同；要约相对人作出相应的承诺，表示完全同意变更或解除合同，双方经过协商一致，变更或解除合同的新协议即告成立。

变更或解除施工合同应遵守以下几项规定：

（1）施工合同的变更或解除是一种重新确立或终止当事人双方权利和义务的法律行为。因此，当事人一方应及时向对方提出变更或解除合同的请求或建议，明确表示变更或解除的理由、内容和具体条款。

（2）施工合同变更或解除是一种法律行为，因此，当事人双方应当签订书面形式的协议。变更或解除原合同的协议一经订立立即具有法律效力，原合同即行变更或终止。但是，在变更或解除原合同的协议尚未正式成立前，原合同仍然具有法律效力，义务人必须履行合同规定的义务，否则应承担违约责任。

（3）施工合同当事人任何一方发生合并或分立，不得影响原经济合同的法律效力。当事人一方发生合并时，由合并后的当事人履行合同；当事人一方发生分立时，由分立后的当事人分别履行合同或者由原经济合同当事人一方与对方达成协议，确定由分立后各方中的一方履行合同。

3.4.4 施工合同变更、解除后当事人的责任

施工合同当事人双方协商一致达成变更或解除协议时，必须明确双方应承担的责任。

（1）施工合同当事人一方因请求变更或解除合同，虽经双方协商达成协议，但仍给对方造成损失时，应由请求变更或解除合同方承担赔偿对方损失的责任。法律规定可免除责任者除外。

（2）施工合同因一方违约，使该合同的履行成为不必要时，债权人请求解除合同不仅不承担责任，而且有权请求违约方承担责任。

3.4.5 施工合同的终止

施工项目当事人双方按照合同的规定，履行其全部义务后，施工合同即告终止。

（1）施工合同因履行完毕而终止。合同的履行完毕，就意味着合同规定的义务已经完成，权利已经实现，因而合同的法律关系自行消灭。

（2）合同因行政关系而终止。施工项目合同的双方当事人根据国家计划或行政指令而建立的合同关系，可因国家计划的变更或行政指令的取消而终止。

（3）合同因不可抗力的原因而终止。施工合同不是由于项目合同的当事人的过错，而是由于某种不可抗力的原因而致使合同义务不能履行的，应当终止合同。

（4）当事人双方混同一人而终止。

（5）合同因双方当事人协商同意而终止。施工合同的当事人双方可以通过协议来变更和终止

合同，所以通过双方当事人协议而解除合同关系或者免除义务人的义务，也是终止施工合同的一种方法。

（6）仲裁机构或者法院判决终止合同。当施工合同的一方当事人不履行或不适当履行合同，另一方当事人可以通过仲裁机构或法院进行裁决以终止合同。

子单元5　合同纠纷的解决

3.5.1　施工合同双方违约责任

违约责任是指当事人违反合同义务所应承担的民事责任。《合同法》第107条规定："当事人一方不履行合同义务或履行合同义务不符合规定的，应当承担继续履行、采取补救措施或者赔偿损失的违约责任。当事人双方都违反合同的，应当各自承担相应的责任。"

1．违约责任的认定

《建设工程施工合同（示范文本）》第35条对施工合同的违约责任提出了以下通用条款：

（1）当发生下列情况时，作为发包人（业主）违约：

1）发包人不按时支付预付工程款。

2）发包人不按合同约定支付工程款，导致施工无法进行。

3）发包人无正当理由不支付工程竣工结算价款。

4）发包人不履行合同义务或不按合同约定履行义务的其他情况。

（2）当发生下列情况时，作为承包人违约：

1）承包人不按照协议书约定的竣工日期或工程师同意顺延的工期竣工。

2）因承包人的原因致使工程质量达不到协议书约定的质量标准。

3）承包人不履行合同义务或不按合同约定履行义务的其他情况。

2．承担违约责任的方式

《建设工程项目管理规范》中对当事人的违约责任作了如下规定：

（1）当事人承担违约责任时，不论违约方是否有过错责任。

（2）当事人一方因不可抗力不能履行合同的，应对不可抗力的影响部分（或全部）免除责任，但法律另有规定的除外。当事人延迟履行后发生不可抗力的，不能免除责任。不可抗力不是当然的免责条件。

（3）当事人一方因第三方的原因造成违约的，应要求对方承担违约责任。

（4）当事人一方违约后，对方应当采取适当措施防止损失的扩大，否则不得就扩大的损失要求赔偿。

3.5.2　施工合同纠纷的解决

在施工中发生纠纷是比较正常和常见的。如何解决施工合同纠纷对施工合同的双方当事人都极为重要。通常，解决施工合同纠纷主要有四种方式：协商、调解、仲裁和诉讼。

1．协商

协商解决是指双方当事人进行磋商，在相互谅解的基础上，为了促进双方的关系，为了今后双方之间的业务继续往来与发展，相互都怀有诚意作出一些有利于纠纷解决的让步，并在彼此都认为可以接受继续合作的基础上达成和解协议。

合同的双方当事人遇到争议和纠纷时，一般都愿意先行协商，这样既可以不影响双方的和气和以后业务的正常往来，又可以在作出一定让步的基础上换取施工合同的正常履行。

协商解决的优点在于不必经过仲裁机构或司法程序，省去仲裁和诉讼所浪费的时间和金钱，气氛一般比较友好，而且双方协商的灵活性较大，更重要的是协商解决给双方留下的余地较大。

2．调解

调解是由第三者从中调停，促进双方当事人和解。调解的过程是查清事实、分清是非的过程，也是协调双方关系，更好地履行合同的过程。调解时，要弄清楚纠纷的原因，双方争执的焦点和各自应负的责任，要客观地、细致地、实事求是地做好当事人的思想工作。调解必须双方自愿，不得强迫。达成协议的内容，不得违背国家的法律、法令和方针政策。调解达成协议的，仲裁机关和人民法院应当及时制作调解书。调解书应写明当事人争议的内容与事实，当事人达成协议的内容。调解书一经送达，即发生法律效力。

3．仲裁

仲裁也称“公断”，是指双方当事人自愿把争议提交给第三者审理，由其依照一定的程序作出判决或裁决。这个第三者或为双方选定的仲裁人，或为仲裁机构。

4．诉讼

诉讼是指司法机关和案件当事人在其他诉讼参与人的配合下，为解决案件依据法定诉讼程序所进行的全部活动。当事人一方在提起诉讼前必须充分做好诉讼准备，收集各类证据，进行必要的取证工作。在向法院提交起诉状时应准备下列文件或证词以及有关凭证：起诉状、合同文本以及附件、营业执照、法定代表人、委托人员授权证书、合同双方当事人往来的财务凭证、合同双方当事人往来的信函、电报等等。

诉讼时应注意：

（1）合同纠纷的一方当事人在诉讼之前还应注意到管辖问题，也就是向哪一级法院、哪一个地方法院提出诉讼的问题。

（2）合同纠纷的一方当事人在面临合同纠纷时，都应注意诉讼时效问题。

子单元 6　施工项目合同的索赔

3.6.1　索赔的概念与分类

1．索赔的概念

索赔，顾名思义就是索取赔偿，即遭受损失的一方向违约方或责任方索取赔偿。索赔还包括索取补偿，如因不可抗力等而索取的补偿。

索赔是一种正当的权利要求，它是业主方、监理工程师和承包方之间的一项大量发生而且普遍存在的合同管理业务，是一种以法律和合同为依据的、合情合理的行为。索赔是在正

确履行合同的基础上争取合理的偿付，不是无中生有，无理争利，它同守约、合作并不矛盾，只要是合法的或者符合有关规定和惯例的，就应该理直气壮地、主动地向对方索赔。

2．索赔的原因

（1）合同文件不完善，甚至有错误、有矛盾。

（2）发包人一方的问题，如发包人违约，工程师指示不当和工作不力，其他承包人和指定分包人的干扰，以及应由发包人负责的工作产生的问题。

（3）不利的自然环境和外界障碍。

（4）法规、政策的变化。

（5）市场竞争的需要。工程承包市场长期处于买方市场的形势，所以“靠低价夺标，靠索赔赢利”已经是司空见惯的事。

3．索赔的分类

（1）按索赔要求分类

1）工期索赔。因工程量、设计改变、新增工程项目、业主迟发指示、不利的自然灾害、发包方不应有的干扰等原因，承包商要求延长期限，拖后竣工日期。

2）费用索赔。由于施工客观条件改变而增加了承包商的开支或造成承包商亏损，向业主要求补偿这些额外开支，弥补承包商的经济损失。

（2）按索赔的当事方来分类

1）承包商同业主之间的索赔。这类索赔大都是有关工程量计算、变更、工期、质量和价格方面的争议，也有关其他违约行为、中断或终止合同的损害赔偿等。

2）总包方同分包方之间的索赔。其内容与前一种大致相似，但大多数是分包方向总包方索要付款和赔偿，及总包方向分包方罚款或扣留支付款等。

3）承包商同供应商之间的索赔。其内容多系商贸方面的争议，例如货品质量不符合技术要求、数量短缺、交货拖延、运输损失等。

4）承包商向保险公司索赔。承包商受到灾害、事故或其他损害或损失，按保险单位向其投保的保险公司进行的索赔。

（3）按索赔的依据分类

1）合同内的索赔。索赔涉及的内容可以在合同中找到依据，或者在合同条文中明文规定的索赔项目。如工期延误、工程变更、监理工程师给出错误数据导致放线的差错、业主不按合同规定支付进度款等等。

2）合同外的索赔。索赔的内容和权利虽然难于在合同条款中找到依据，但可从合同含义和普通法律中找到索赔根据。这种合同外的索赔表现为属于违法造成的损害或可能是违反担保法造成的损害，有的可以在民事侵权行为中找到依据。

3）额外支付（也称道义索赔）。承包商找不到合同依据和法律依据，但认为有要求索赔的道义基础，而对其损失寻求某些优惠性质的付款。业主基于某种利益的考虑而慷慨给予补偿。例如：承包商在施工期间未发生任何安全事故，业主给予一定的奖励。

（4）按索赔的起因分类

1）有关合同文件引起的索赔。合同文件是由人编制的，而人是易犯错误的。在合同使用之后，会发现许多事情未包括在内，但是后来又不能再加进去。一旦合同通过，文件就不能变更，除非双方另有协议。通常投标前的来往信件往往被忽略，或未被重视，而投标的附加文件也包括了一些重要信息，也许不会被作为投标本身加以考虑；从投标到接受期间的信件可能在后来不会包括在有关合同内。但所有这些文件，包括资格批准书、意向书和其他许多类似文件都可能会产生索赔。

2）有关工程实施引起的索赔。首先，仅凭很少的信息便签订合同则会在实施过程中产生很多问题，从而引起索赔。其次，工程实施中变更是经常的，有些变更项目的价格确定，往往出现争议或索赔。另外，在现代合同中会将可能遇到的风险分配给一方或另一方。这也是合理的，也是符合业主的经济利益的。然而在实际中要分辨具体事件是否明确地属于合同的某一具体条款往往是不容易的，从而引起争议或索赔。

3）有关付款引起的索赔。在有关付款方面，包括业主的违约责任、故意拖延、业主内部之间相互推诿等。

4）有关延期（包括拖延和中断）引起的索赔。对于承包商而言，这类问题指业主对其应负责任的拖延。如果拖延发生，而业主对其应负责任，且其后果使承包商发生了额外费用，一般承包商应要求赔偿。

5）有关错误的决定等引起的索赔。这类问题包括由于违约、终止合同等情况下产生的索赔。

4．索赔的依据

索赔的依据包括两个方面，其一指索赔的法律依据，即由业主与承包商订立的工程承包合同和法律法规；其二指能证明索赔正当性和具体数额的事实。施工索赔依据必须具备及时性、真实性、全面性，并符合特定条件。这些特定条件包括：索赔依据必须是索赔事件发生时的书面文件；合同变更协议必须由业主、承包商双方签订，或以会议纪要的形式确定，且为决定性决议；施工合同履行过程中的重大事件、特殊情况的记录应由业主或监理工程师签署认可。

在施工过程中常见的索赔依据有：

（1）招标文件。包括合同文件及附件、其他的各种签约（备忘录、修正案等）、发包方认可的原工程实施计划、各种工程图样（包括图样修改指令）、技术规范等。

（2）来往信件。如业主的变更指令、各种认可信件、通知、对承包商问题的答复信等。这些信件内容常常包括某一时期工程进展情况的总结，以及与工程有关的当事人及具体事项。这些信件的签发日期对计算工程延误时间很有参考价值。

（3）承包商与监理工程师及工程师代表的谈话资料。

（4）各种施工进度表。工期的延误往往可以从计划进度表中反映出来。开工前和施工中编制的进度表都应妥善保存。

（5）施工现场的工程文件。如施工记录、施工备忘录、施工日志、工长或检查员的工作日记、监理工程师填写的施工记录等。

（6）会议记录。业主与承包商、总包与分包之间召开现场会议讨论工程情况的记录。

（7）工程照片。照片作为依据最清楚和直观，照片上应注明日期。索赔中常用的有、表示工程进度的照片、隐蔽工程覆盖前的照片、业主责任造成返工的照片、业主责任造成工程损坏的照片等。

(8) 各种财务记录。施工进度款支付申请单；工人工资单；工人签字记录；材料、设备、配件的采购单；付款收据；收款单据；工地开支报告；会计报表；会计总账；批准的财务报告；会计往来信函及文件；通用货币汇率变化表等。

(9) 工程检查和验收报告。由监理工程师签字的工程检查和验收报告，反映出某一单项工程在某一特定阶段竣工的进度，并记录了该单项工程竣工和验收的时间。

(10) 国家法律、法令、政策文件。在索赔报告中只需引用文号、条款号即可，而在索赔报告后面附上复印件。

3.6.2 索赔的程序

1. 意向通知

索赔事件发生后，承包商要做的第一件事就是将自己的索赔意向书面通知监理工程师（业主）。意向通知的发出标志着一项索赔的开始，它必须满足一定的时间要求，FIDIC《土木工程施工合同条件》规定："在引起索赔事件第一次发生之后的 28 天内，承包商将他的索赔意向通知工程师，同时将一份副本呈业主。"向监理工程师（业主）通知索赔意向，这不仅是承包商要取得补偿必须首先遵守的基本要求之一，也是承包商在整个合同实施期间保持良好的索赔意识的最好办法。

索赔意向通知包括以下几个方面的内容：事件发生的时间和情况的简单描述；合同依据的条款和理由；有关后续资料的提供；对工程成本和工期产生的不利影响的严重程度，以期引起监理工程师（业主）的注意。

2. 资料准备

施工索赔的成功很大程度上取决于承包商对索赔作出的解释和具有强有力的证明材料。因此，承包商在正式提出索赔报告前的资料准备工作极为重要。这就要求承包商注意记录和积累保存各个方面的资料，并可随时提供与索赔有关的证据资料。

3. 索赔报告的提交

索赔报告是承包商向监理工程师（业主）提交的一份要求业主给予一定经济补偿和（或）延长工期的正式报告。正式报告应在意向通知提交后 28 天内提出，如果索赔事件的影响继续存在，可以定期陆续提出索赔证据资料和索赔款额及要求顺延工期天数。该索赔事件影响结束的一定时期内（一般规定为 28 天），必须提出全面的索赔证据资料和累计索赔额，并以正式报告形式报送监理工程师，并抄送业主。在具体工程中，索赔报告的格式千差万别，但包括的内容相似，通常包括以下几个方面的内容：

(1) 说明信。简要说明索赔事由、索赔金额（工期）和随函所附的报告正文及证明材料清单目录。

(2) 索赔报告正文。报告正文一般包括索赔题目、事件、理由、影响、结论。

所有的叙述都应列出证据以及造成的影响。分析这些影响应着重于工期延长或成本增加方面，且与前面的事件应存在直接的因果关系。结论是承包商有权利提出工期或费用的索赔。

(3) 附件。附件主要包括详细的计算过程和证明材料。详细的计算过程和证明材料是支持索赔报告的有力证据，一定要和索赔报告中提到的完全一致，不可有丝毫相互矛盾的地方，否则有可能导致索赔的失败。

编写索赔报告应注意以下几个问题：

（1）实事求是。索赔事件应是真实的，不包含任何估计或猜测，并且有真实的证据证明，不能证实或提不出真凭实据的事件不能索赔。

（2）责任分析应清楚、准确。在报告中所提出索赔的事件的责任是对方引起的，应把全部或主要责任推给对方，不能有责任含混不清。指出索赔事件使承包商工期拖延、费用增加的严重性和索赔值之间的直接因果关系。

（3）索赔值的计算依据要正确，计算结果要准确。数字计算上的错误，容易给人在索赔的可信度上造成不好的印象，从而影响索赔结果。

（4）文字简练，资料充足，条理清楚，逻辑性强。通常索赔报告正文比较简洁，但后附证据和计算过程要非常详细。各种定义、结论要准确，且前后照应，不能前后矛盾或不一致。

（5）用词要婉转。在索赔报告中要避免使用强硬的不友好的抗议式或争论式语言。

4．监理工程师审核索赔报告

正式接到承包商的索赔报告后，监理工程师应该马上仔细阅读其报告，在不确认责任属谁的情况下，依据自己的同期记录资料客观地分析事件发生的原因，重温有关的合同条款，研究承包商提出的索赔依据。监理工程师通过对事件的充分分析，再进一步依据合同条款划清责任的归属，拟定出自己计算的合理索赔款额和工期顺延天数。

5．谈判解决

经过监理工程师的索赔报告的审核，并与承包商进行了较充分的沟通后，监理工程师应提出对索赔处理决定的意见，并参加业主和承包商之间进行的索赔谈判，通过谈判，作出索赔的最后决定。

6．争端的解决

通过谈判和协商双方达成互让的解决方案是处理纠纷的理想方式。如果双方不能达成谅解就只能诉诸仲裁或诉讼。

3.6.3 索赔注意的问题

索赔是合同管理的重要内容，要想取得成功，仅仅有理有据还是不够的，必须讲究方式方法。

（1）要及早发现索赔机会。在投标报价时就应考虑到将来可能要发生索赔的问题，要仔细研究招标文件中的合同条款和规范，仔细查勘施工现场，探索可能索赔的机会。在进行单价分析时，应列入生产效率，把工程成本与投入资源的效率结合起来。这样，在施工过程中论证索赔原因时，可引用效率降低来论证索赔的根据。承包商应做好施工记录，记录好每天使用的设备工时、材料和人工数量、完成的工程量及施工中遇到的问题。

（2）对口头变更指令要得到确认。监理工程师常常用口头指令工程变更，如果承包商不对监理工程师的口头指令予以书面确认，就进行变更工程的施工，以后的索赔往往会失败。

（3）索赔报告要准确无误，条理清楚。索赔的计算方法和要求索赔的款额应实事求是，使人看后觉得合情合理，不会立即予以拒绝。基本资料和计算应准确无误，论证要充分。要使索赔文

件有说服力，还必须注意文字简练，条理清楚，不能有含混不清之处。

（4）索赔要先易后难，有理有节。容易解决的问题要先与现场监理工程师磋商，争取其确认或者原则同意，同时不排除双方存在着某些方面的细节分歧，在现场解决不了时，应约见业主，提供论据和资料，进一步作出解释。要力争出现一个问题解决一个索赔，避免一揽子索赔。单项索赔事件简单，容易解决，而且解决后可及时得到支付。一揽子索赔，问题复杂，金额大，不易解决，支付困难。

（5）坚持采用“清理账目法”。承包商往往只注意接受业主按月结算索赔款，而忽略了索赔款的不足部分，没有以文字形式保留自己今后应获得不足部分款额的权利，等于同意并承认业主对该项索赔的付款，以后再无权追索。

（6）注意同业主、监理工程师搞好关系。项目经理要与业主建立起互相依赖、互相支持的精诚合作关系，经常了解业主的愿望和利益所在。有了这种基础，索赔就会更加顺利。监理工程师是处理解决索赔问题的公证第三方，应注意与他们搞好关系，争取监理工程师的公正裁决。

（7）力争友好解决，防止对立情绪。索赔争端是难免的，如果遇到争端不能理智地协商讨论问题，使一些本来可以解决的问题悬而未决。在索赔过程中，应防止对立情绪，力争友好解决索赔争端，竭力避免仲裁或诉讼。

单元小结

建筑工程合同是指双方或者多方当事人，包括自然人和法人，关于订立、变更、解除民事权利和义务关系的协议，主要包含的内容有标的、数量、质量、价款或者酬金、履行的期限、地点和方式、违约责任。承包商通过公开投标或者邀请投标，取得工程项目后就可以订立施工项目合同。施工合同签订后，承包商要针对承包项目设立项目经理部，由项目经理部具体负责施工合同的履行。合同在执行过程中，由于其他原因不能执行。一方向对方发出要约，请求变更或解除合同；要约相对人作出相应的承诺，表示完全同意变更或解除合同，双方经过协商一致，变更或解除合同的新协议即告成立。合同在执行过程中，当事人一方不履行合同义务或履行合同义务不符合规定的，应当承担违约责任，违约责任是指当事人违反合同义务所应承担的民事责任。遭受损失的一方有权向违约方或责任方索取赔偿。

思考与拓展

1．什么人才能签订施工合同？

2．签订的施工合同好与坏如何评价？

3．采取什么办法才能签订一个好的施工合同？

训练题

1．合同有哪些特征（　　）。

A．合同是一种法律行为

B．合同是当事人双方的法律行为

C．双方当事人在合同中具有平等的地位

D．合同应是一种合法的法律行为

2．工程项目合同可分为（　　）。

A．勘察设计合同和建设监理合同　　B．土建安装工程承包合同

C．工程材料和机械设备供应合同　　D．加工订货合同和工程咨询合同

3．按合同所包括的工程范围和承包关系划分合同可分为（　　）。

A．总包合同　　B．分包合同　　C．转包合同　　D．清工合同

4．合同主要条款有（　　）。

A．标的　　B．数量和质量

C．价款或者酬金　　D．履行的期限、地点和方式

5．施工项目合同订立的原则有（　　）。

A．"合同当事人的法律地位平等，一方不得将自己的意志强加于另一方。"

B．"当事人依法享有自愿订立合同的权利，任何单位和个人不得非法干预。当事人应当遵循公平原则确定各方的权利和义务。"

C．"当事人行使权利、履行义务应当遵循诚实信用原则。"

D．"当事人订立、履行合同，应当遵守法律、行政法规，尊重社会公德，不扰乱社会经济秩序，损害社会公共利益。"

6．合同的履行原则有（　　）。

A．全面履行原则　　B．诚实信用履行原则

C．部分履行原则　　D．不履行原则

7．解决合同纠纷主要的方式有（　　）。

A．协商　　B．调解　　C．仲裁　　D．诉讼

8．按索赔要求分类，可分为（　　）。

A．工期索赔　　B．费用索赔　　C．质量索赔　　D．材料索赔

9．FIDIC《土木工程施工合同条件》规定："在引起索赔事件第一次发生之后的（　　）天内，承包商将他的索赔意向通知工程师，同时将一份副本呈业主。"

A．7　　B．14　　C．21　　D．28

单元4　建筑工程项目质量管理

学习目标：

1. 掌握质量管理体系。
2. 了解施工准备阶段、施工阶段、竣工验收三个阶段的质量控制内容。
3. 掌握质量控制的新、老七种方法。
4. 会运用所学知识建立质量控制体系。

重点难点：

本单元的重点是建筑工程项目质量管理体系的建立；在整个施工过程中如何控制建筑工程项目质量，是建筑施工企业研究的课题。掌握质量控制的新、老七种方法是建筑施工企业常用的方法。

子单元1　施工项目质量管理计划概述

4.1.1　质量管理体系

1．质量管理体系概念

质量管理体系是为使工程的质量满足用户的要求而建立的有机整体。该组织机构具备管理质量的人力和物力，明确各部门和人员的职责和权力，以及质量管理必须遵循的程序和活动。

2．建立质量管理体系的原则

（1）坚持以人为本的原则。人是质量的创造者，质量管理必须“以人为本”，发挥人的积极性和创造性。

（2）坚持质量第一的原则。工程质量是建筑产品使用价值的集中体现，用户最关心的就是工程质量的优劣好坏，或者说用户的最大利益在于工程质量。在项目施工中牢固树立“百年大计，质量第一”的思想。

（3）坚持预防为主的原则。预防为主，是指事先分析影响产品质量的各种因素，采取各种措施加以重点管理，使质量问题消灭在发生之前或萌芽状态，做到防患于未然。

（4）坚持质量标准的原则。质量标准是评价工程质量的尺度，数据是质量管理的基础。工程质量是否符合质量标准的要求，必须通过严格检查，以数据为依据。

（5）坚持全面管理的原则。施工项目从签订承包合同一直到竣工验收，直至保修期满，质量管理应贯穿于整个过程。

质量管理是依靠项目部全体人员的共同努力，不只是领导或者质量管理人员的事情，而是全体人员的事情。质量管理必须把项目所有人员的积极性和创造性充分调动起来，做到人人关心质量管理，做好自己所负责的质量管理工作。

4.1.2 施工项目质量管理的概念

1．质量管理

质量管理是指为达到质量要求所采取的作业技术和作业活动。

质量管理的目标就是使产品质量满足业主、国家法律法规等方面所提出的质量要求（适用性、可靠性、安全性）。

质量管理的工作内容包括作业技术和作业活动，也就是包括专业技术和管理技术两个方面。围绕产品质量形成全过程的各个环节，对影响工作质量的人、材料、机械、方法、环境（4M1E）五大因素进行管理，并对质量活动的成果进行分批、分阶段验收，以便及时发现问题，采取相应措施，防止不合格产品发生，尽可能地减少损失。

2．施工项目质量管理

施工项目质量管理是指为达到工程项目质量要求所采取的作业技术和作业活动。施工企业的责任就是为业主提供满意和合格的建筑产品，对建筑施工过程实行全方位、全过程的管理，防止建筑产品不合格。

4.1.3 施工项目质量管理的要求

（1）按照企业质量体系的要求，贯彻企业的质量方针和目标，坚持“质量第一、预防为主”，“质量是企业的生命，安全是企业的血液”等原则。

（2）坚持“计划（Plan）、执行（Do）、检查（Check）、处理（Action）”简称（PDCA）。PDCA 是一个周而复始、循环不停的工作方法，通过不断改进过程管理，及时总结经验，肯定成绩，分析错误，以便在下一循环中巩固成绩，避免犯同样错误，同时将行之有效的措施和对策上升为新标准。

（3）满足建筑工程施工及验收规范、工程质量检验评定标准和业主的要求。

（4）建筑工程施工项目质量管理包括人、材料、机械、方法、环境（4M1E）五个因素。

（5）所有的施工过程都应按规定进行三检（自检、互检、交接检）。隐蔽工程、指定部位和分部工程、分项工程、检验批未经检验或经检验评为不合格的，严禁进行下道工序施工。

（6）项目经理部建立项目质量责任制和考核评价体系，项目经理对项目质量管理负责。施工过程质量管理由每一道工序的质量管理员和岗位责任人负责。

（7）承包人应对建筑工程项目质量和质量保修工作向业主负责，分包工程质量由分包人向承包人负责，承包人对分包人的工程质量问题承担连带责任。

4.1.4 施工项目质量管理计划

1. 施工项目质量计划要求

（1）建筑工程质量计划由项目经理主持编制。

（2）建筑工程质量计划应充分体现从工序、检验批、分项工程、分部工程到单位工程的全过程管理，且应体现从资源投入到完成工程质量最终检验和试验的全过程全方位的管理。

（3）建筑工程质量计划对外应成为质量保证和证明文件，对内应成为质量管理的依据。

2. 施工项目质量计划的内容

（1）编制依据。建筑企业质量手册和质量体系程序。

（2）施工项目概况。建筑工程质量计划一般是一系列文件而不是单独的文件。对于不同的施工项目套用不同的质量计划文件。

（3）质量目标。必须将项目质量目标明确并分解到各部门及项目的每个成员，使每个部门及每个人都知道自己的任务和目标，以便于实施检查和考核。

（4）组织机构（管理体系）。为实现建筑工程质量目标而组成的管理机构（体系）。

（5）建筑工程质量管理及管理组织协调。有关部门和人员应承担的任务、责任、权限确定后，有关部门和人员为完成目标需要与有关部门和人员进行沟通与协调，并根据建筑工程质量管理完成情况及目标责任书进行奖罚。

（6）必要的质量管理手段和方法。必须对施工过程进行管理、服务、检验和试验等，防止发生质量问题。

（7）明确关键工序和特殊施工过程，并有相应的施工作业指导书。

（8）建立与施工阶段相适应的检验、试验、测量等设备，以达到验证的要求。

（9）由于建筑工程的独特性，不可能做到质量计划很完善周到，因此应有更改和完善质量计划的程序。

3. 质量计划实施

质量计划一旦批准生效，必须严格按计划实施。在质量计划实施过程中要及时监控，了解计划执行的情况，由于其他原因发生偏离时，及时采取纠偏措施，以确保计划的有效性。

（1）管理人员保存管理记录。质量管理人员应按照分工管理质量计划的实施，并应按规定保存管理记录。

（2）项目质量管理的检查。项目技术负责人应定期组织具有资格的质量检查人员和内部质量审核员验证质量计划的实施效果。当项目质量管理中存在问题或隐患时，应提出切实可行的解决措施。

（3）质量缺陷或事故的处理。当发生质量缺陷或事故时，必须分析造成质量缺陷或事故的原因，分清责任，进行整改。

（4）对重复出现的不合格和质量问题，责任人应按规定承担责任，并应依据验证评价的结果和目标责任书的规定进行处理。

子单元 2　施工项目各阶段的质量管理

4.2.1　施工准备阶段的质量管理

施工项目的质量不是靠事后检验出来的，而是在施工过程中创造出来的，把工程质量从事后检查把关转为事前、事中管理，从对产品质量的检查转为对工作质量的检查、对工序质量的检查、对中间产品质量的检查，即把事后检查改为事前管理（把关），达到“以预防为主”的目的，必须加强对施工前、施工过程（检验批）的质量管理。

施工前的质量管理是施工中的重要一环和重要内容，是能否顺利完成建筑施工的重要保证。大量的实践证明，凡是重视施工前质量管理的，则该工程就能够顺利完成；反之虽有加快施工进度的良好愿望，但往往事与愿违。由于没有做好准备工作往往延误时间，有的甚至被迫停工，最后不得不返过头来，重做这项工作，这样势必减慢施工速度，造成不应有的损失。

施工前的质量管理主要包括以下内容：质量目标责任制，工作检查制度，施工组织计划，施工图会审，技术交底，材料、机械、半成品的落实，施工前测量工作，安全生产，施工人员培训。

1．质量目标责任制

在施工前将责任落实到有关部门和人员，同时明确各级技术负责人在施工中应负的责任。

2．工作检查制度

工作有布置，有检查，做到善始善终。发现薄弱环节和问题及时改正，经常督促改进，使工作检查逐步制度化、程序化。

3．施工组织计划

施工组织计划主要包括工程概况及施工特点分析、施工方案、施工进度、施工平面图、主要技术经济指标等内容。

4．施工图会审

施工图会审是指施工单位组织有关人员对设计图样进行学习和会审工作，使参与施工的人员掌握施工图的内容、要求和特点，了解设计意图和关键部位的工程质量要求。同时发现施工图中的问题，以便会审时统一提出，解决施工图中存在的问题，确保工程施工顺利进行。

图纸会审主要内容包括：

（1）设计是否符合国家有关方针政策和规定；是否符合国家有关技术规范要求，尤其是强制性标准的要求；是否符合环境保护和消防安全的要求。

（2）设计单位是否有相应的资质，是否属于无证设计或越级设计，图样是否经设计单位正式签署。

（3）地质勘探资料是否齐全。

（4）设计图纸与说明是否齐全、清楚、明确，有无分期供图的时间表。

(5)设计地震烈度是否符合当地要求。

(6)几个单位共同设计的图纸，相互之间有无矛盾；专业之间及平、立、剖面图之间是否有矛盾；标高是否有遗漏。

(7)总平面图是否按核准的建筑红线划定的范围进行绘制。总平面图与施工图的尺寸、平面位置、标高等是否一致，有无错误和矛盾。

(8)是否提供符合要求的永久水准点或临时水准点位置。

(9)建筑结构与各专业图纸本身是否有差错或矛盾；建筑与结构、结构与设备、建筑与设备等各专业间的图纸是否相矛盾。

(10)施工图中所用各种标准图册是否在有效期内。

(11)地基处理方法、建筑结构构造是否合理。地基处理、建筑与结构构造是否存在不能施工、不便于施工，容易导致质量、安全或浪费等问题。

(12)工艺管道、电气线路、运输道路与建筑物之间有无矛盾，管线之间的关系是否合理。

(13)施工技术装备条件是否符合设计的要求，如采取特殊技术措施，技术上有无困难，能否保证安全施工。

(14)特殊建筑材料来源是否有保证，能否满足设计要求。

5. 技术交底

经过认真熟悉图纸和参加图纸会审，加深对图纸的理解，结合施工验收规范、操作规程、工艺标准、安全规程、质量验收评定标准等，由项目技术负责人向承担施工任务的负责人（班组长）对分部工程、分项工程、检验批进行书面交底，技术交底资料应办理签字手续并归档。

(1)技术交底的内容：分部工程、分项工程、检验批的施工程序、施工方法、操作要点、主要指标；需用原材料及成品、半成品的品种、规格、型号和技术要求；施工组织、施工现场平面管理、安全文明施工、节约材料等方面的要求；分部工程、分项工程、检验批的设计图纸所示关键部位的情况，特别是尺寸、标高、预留洞、预埋件、混凝土配合比等；防止产生质量通病的方法及操作中应特别注意的关键部位及问题。

(2)技术交底的方式

1)书面技术交底：把交底的内容和技术要求以书面形式向施工的负责人（班组长）和全体有关人员交底，交底人与接受人在清楚交底内容以后，分别在交底书上签字，防止出现不应有的差错，以便出现差错后追究有关人员的责任。此类方法被广泛应用。

2)会议交底：通过召开有关人员会议，把交底内容向到会者交底。

3)挂牌交底：将交底的主要内容、质量要求写在标牌上，挂在操作场所。这种交底方式很直观，能让施工人员一目了然，被广泛应用于装饰装修工程。

4)口头交底：适用于人员较少，操作时间较短，工作内容简单的项目。

5)样板交底：为了使操作者不但掌握一定的质量指标数据，而且还要有更直观的感性认识，可组织操作水平较高的工人先作样板，经质量检查合格后，作为交底的样板，所有的施工人员都要按此样板施工。此类方法被广泛应用于装饰装修工程。

6)模型交底：对于比较复杂的设备基础或建筑构件，为了使操作者能得到较深刻的认识，可做模型进行交底。此类方法被广泛应用于装饰装修工程。

6．材料、构件、半成品落实

对供货方信誉、实力、经营状况进行评估。评估内容主要包括材料供应能否满足交货期限的要求；材料质量保证能力是否能达到连续合格；交货后售后服务是否跟得上，是否服务到位；合同履约能力等等。

7．施工前测量工作

建筑工程项目开工前应编制建筑工程测量控制方案，经项目技术负责人批准后方可实施。该方案主要控制施工范围内建筑物、构筑物之间相互关系。控制桩主要控制建筑物坐标、轴线以及有关水准点。根据已知的高程控制点和相对标高与绝对标高之间的关系，把标高控制点引到拟建工程附近。施工过程中应对测量点妥善保护，严禁擅自移动破坏。

8．安全生产

国家安全生产法规很多，建筑工程应按有关施工安全规范施工。牢固树立“生产必须安全，安全促进生产”的思想，严格按照“安全第一，预防为主”的安全方针生产。安全生产主要包括以下内容：

（1）学习和熟悉国家关于安全生产的规程、法令、法规，认真执行上级和本企业有关安全生产的各项规定。

（2）认真执行本企业制定的安全生产制度以及安全生产责任目标。不了解安全规程的人员和未接受安全教育的人员，不得参加施工作业。

（3）认真贯彻执行本工程的各项特殊安全技术措施。在每项工序施工前，针对施工安全，向班组进行有针对性的书面交底和口头交底。

（4）经常对工人进行安全生产教育。新工人入场必须进行三级安全教育。根据施工单位的具体情况，经常性地组织工人学习操作规程，及时传达安全生产有关文件，推广安全生产经验。安全生产教育的形式有班前班后安全会、安全月活动、广播、板报、事故现场会、安全技术专题讲座等。

（5）定期安全检查。组织本工地的安全员、机械员和班组长按照规定，定期检查安全情况，及时消除隐患，发现问题及时采取紧急防护措施，防止安全事故的发生。

（6）监督检查职工正确使用个人劳动保护用品。严格按照规章制度，对进入现场的施工人员配备劳动保护用品。

9．施工人员必须进行安全教育培训

对全体施工人员必须进行安全教育培训，并保存好培训记录，经考试合格后方可上岗。安全教育必须抓好三步：一是传授安全知识；二是使职工掌握安全操作技能，把掌握的知识运用到实际工作中去；三是对职工进行安全态度教育。对每一个职工来说，掌握了安全技能和安全知识，不一定都执行，因此必须经常对职工进行安全态度教育，才能达到安全教育的目的。

4.2.2 施工阶段的质量管理

建筑生产活动是一个动态过程，质量管理必须伴随着生产过程进行动态管理。施工过程中的质量管理就是对施工过程在进度、质量、安全等方面实行全面管理。

质量管理的主要工作是以工序质量管理为核心，设置质量管理点，严格质量检查，做好工程变更，管理和成品保护工作。

1．工序质量管理

工序是基础，工序质量直接影响工程项目的整体质量。因此要求施工作业人员按规定经考核后持证上岗。施工管理人员及作业人员应按操作规程、作业指导书和技术交底文件进行施工。工序质量包含工序活动质量和工序效果质量。工序活动质量是指每道工序投入的材料质量和施工技术操作是否符合要求。工序效果质量是指每道工序施工完成的工程产品是否达到有关质量标准。工序的检验和试验应符合过程检验和试验的工作规程，对查出的质量缺陷按不合格控制程序处理。对验证中发现不合格产品和过程，应按规定进行鉴别、标识、记录、评价、隔离和处置。不合格处置应根据不合格的程度，按建筑工程施工质量验收规范的规定进行，按返工、返修或让步接受、降级使用、拒收或报废四种情况进行处理。构成等级质量事故的不合格产品和过程，应按国家法律、行政法规进行处置。

对返修或返工后的产品，应按规定重新进行检验和试验。

当不合格让步接受时，项目经理应向业主提出书面让步申请，记录不合格程度和返修的情况，业主同意后，双方签字确认让步接受协议和接收标准。

对影响建筑主体结构安全和使用功能的不合格产品，应邀请业主代表、监理工程师、设计人员，共同确定处理方案，形成文件，各单位项目负责人签字盖章，报建设主管部门批准。检验人员必须按规定保存不合格管理的记录。

2．质量管理点的设置

质量管理点多，涉及面广。质量管理点可能是结构复杂的某一工程项目，也可能是技术要求高、施工难度大的某一结构或分项、分部工程、检验批，也可能是影响质量关键的某一环节。总之，无论是操作、工序、材料、机构、施工顺序、技术参数、自然条件、工程环境等，均可作为质量管理点来设置，主要是视其对质量特征影响的大小及危害程度来确定。质量管理点主要涉及以下方面：

（1）人的行为。某些工序或操作重点应管理人的行为，避免人的失误造成安全和质量事故。如严禁酒后人员进入施工现场进行施工。

（2）物的状态。在某些工序或操作中，则应以物的状态作为管理的重点。如起重设备的工作状态，严禁带故障作业，应经常检查各种设备，严格执行安全操作规程，坚持“十个不准吊”。

（3）材料的质量和性能。材料的质量和性能是直接影响工程质量的主要因素，尤其是某些工程，更应将材料的质量和性能作为管理的重点。如钢结构工程中的钢材性能、品种、规格、各种微量元素是否符合设计要求等。

（4）关键的操作。如预应力筋的张拉，在张拉程序 $0 \rightarrow 105\%\sigma_k$（持续 2 min）$\rightarrow \sigma_k$时，要进行超张拉和持荷 2 min；混凝土工程的标准养护必须达到 28 天；混凝土预制构件（桩、屋架、柱等）的吊装，混凝土必须达到设计强度的 100%等。

（5）施工顺序。有些工序或操作，必须严格管理相互之间的先后顺序，不允许出现操作顺序的错误。如冷拉钢筋，一定要先焊接后冷拉；钢筋混凝土现浇板工程必须先支模板，再绑扎钢筋，最后浇筑混凝土。

（6）技术问题。有些工序之间的技术间歇，时间性要求很强，不严格管理就会影响工程质量。如分层浇筑混凝土，必须待下层混凝土未初凝前将上层混凝土浇筑完毕，否则需设施工缝，按施工缝处理。

（7）技术参数。有些技术参数与质量密切相关，必须严格管理。如混凝土、砂浆的配合比；钢筋的闪光对焊中的时间参数、预留参数、顶锻参数。

（8）常见的质量通病。对常见的质量通病如“渗、漏、泛、堵、壳、裂、砂、锈”，亦应事先研究对策，提出预防的措施。如抹灰工程中的空鼓；屋面防水以及厕所防水工程中的渗漏问题。

（9）新工艺、新技术、新材料应用。当新工艺、新技术、新材料虽已通过鉴定，但由于施工单位缺乏经验，尤其是初次进行施工时必须作为重点严加管理。如广泛应用于工程加固的碳纤维的施工方法。

（10）质量不稳定、不合格率较高的工程产品。不合格率较高的产品或工艺，直接影响工程质量，因此必须作为质量管理点来管理。

（11）特殊地基和特种结构。对于湿陷性黄土、膨胀土、红黏土等特殊土地基的处理和大跨度结构、高耸结构等技术难度大的施工环节和重要部位更应特别管理。

（12）施工工法。施工工法对工程质量产生重大影响。如为了防止建筑物倾斜，在基础施工中应先深后浅。如果先浅后深就应该按照施工技术规程采取技术措施，防止建筑物出现不均匀沉降、建筑物倾斜的现象。

3．施工过程中的质量检查

在施工过程中，施工人员是否按照技术交底、施工图纸、技术操作规程和质量标准的要求进行施工，是直接涉及工程产品质量的关键。因此必须加强施工过程中的质量检查。

（1）施工操作质量的巡视检查。很多质量问题是由于操作不当所致，有些操作不符合规程要求，虽然表面上看似乎影响不大，但却隐藏着潜在的危害。所以，在施工过程中，必须注意加强对操作质量的巡视检查，对违章操作、不符合质量要求的要及时纠正，防患于未然。

（2）工序质量交接检查。严格执行“三检”制度，即自检、互检、交接检。各工序按施工技术标准进行质量控制，每道工序完成后应进行检查。相互各专业工种之间，应进行交接检验，并形成记录。未经监理工程师检查认可，不得进行下道工序施工。

（3）隐蔽验收检查。隐蔽验收检查是指对被其他工序施工所隐蔽的分项工程、分部工程、检验批，在隐蔽前所进行的检查验收。实践证明，坚持隐蔽验收检查，是防止隐患、避免质量事故的重要措施。隐蔽工程未验收签字，不得进行下道工序施工。隐蔽工程验收后，要办理隐蔽签证手续，列入工程档案。

（4）工程施工预检。预检是指工程在未施工前所进行的预先检查。预检是确保工程质量，防止可能发生偏差造成重大质量事故的有力措施。主要是指在工程未施工前，对有关施工内容的检查核对。

1）建筑工程位置：检查控制桩。

2）基础工程：检查轴线、标高、预留孔洞、预埋件的位置。

3）砌体工程：检查墙身轴线、标高、砂浆配合比及预留孔洞位置尺寸。

4）钢筋混凝土工程：检查模板尺寸、标高、支撑系统、预埋件、预留孔等，检查钢筋型号、规格、数量、锚固长度、保护层等，检查混凝土配合比、外加剂、养护条件等。

5）主要管线：检查标高、位置、坡度。

6）预制构件安装：检查构件位置、型号、支撑长度和标高。

7）电气工程：检查变电、配电位置，高低压进出口方向，电缆沟位置、标高、送电方向。

预检后要办理预检手续，未经预检或预检不合格，不得进行下一道工序施工。

对检查发现的工程质量问题或不合格报告提及的问题，应由项目技术负责人组织有关人员，制定对不合格产品的处理程序，制定纠正措施，确保工程质量。

对已发现或潜在的不合格，应仔细分析原因，加以预防并记录结果。

对严重不合格或重大质量事故，必须实施纠正措施。实施纠正措施的结果，应由项目技术负责人验证并记录。对严重不合格或等级质量事故的纠正措施和实施效果的验证，应报企业管理层。对严重不合格或重大质量事故，应坚持“四不放过”（事故原因分析不清不放过，事故责任者和群众没有受到教育不放过，没有防范措施不放过，事故责任者不处理不放过）。

4．工程变更

（1）工程变更的含义。工程项目任何形式、质量、数量的变动都称为工程变更。它既包括了工程具体项目的某种形式、质量、数量的改动，也包括了合同文件内容的某种改动。

（2）工程变更的范围

1）设计变更：设计变更的主要原因是投资者对投资规模的压缩或扩大，需重新设计。设计变更的另一个原因是对已交付的设计图纸提出新的设计要求，需要对原设计进行修改。

2）工程量的变动：工程量清单中的数量上的增加或减少。

3）施工时间的变更：对已批准的承包商施工计划中安排的施工开始时间和完成时间的变动。

4）施工合同文件变更：由于以下工作内容的变化引起施工合同文件变更。

① 施工图的变更；

② 承包商提出修改设计的合理化建议，双方对节约价值的分配；

③ 由于事先未能预料而无法防止的事件发生，允许进行合同变更。如出现瘟疫、战争、经济危机。

（3）工程变更管理。工程变更可能导致项目工期、成本或质量的改变。因此，对工程变更必须进行严格的管理。

在工程变更管理中，主要应考虑以下几个方面：

1）严格管理那些能够引起工程变更的因素和条件，特别是引起成本增加、工期增长的因素。

2）分析和确认各方提出的工程变更要求的合理性和可行性。

3）当工程变更发生时，应对其进行管理和控制。

4）分析工程变更而引起的风险。

具体的变更程序应按图4-1所示流程进行。

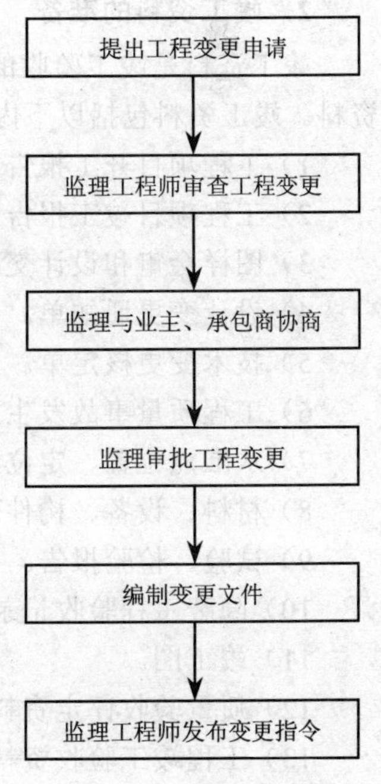

图4-1 工程变更程序

5．成品保护

在工程项目施工中，某些部位已完成，而其他部位还正在施工，对已完成部位或成品，应采取妥善的措施加以保护，否则会造成损失，影响工程质量，造成人、财、物的浪费和拖延工期，更为严重的是有些损伤难以恢复原状，而成为永久性的缺陷。

加强成品保护，要从两个方面着手。首先应加强教育，提高全体员工的成品保护意识；其次要合理安排施工顺序，采取有效的保护措施。成品保护的措施包括：

（1）护。护就是提前保护，防止对成品造成污染及损伤。如柱子要立板固定保护；为了防止清水墙面受污染，在相应部位提前钉上塑料布或纸板。

（2）包。包就是进行包裹，防止对成品造成污染及损伤。如在喷浆前对电气开关、插座、灯具等设备进行包裹；铝合金门窗应用塑料布包扎。

（3）盖。盖就是表面覆盖，防止堵塞、损伤。如高级水磨石地面或大理石地面完成后，应用苫布覆盖；落水口、排水管安好后应加以覆盖，以防堵塞。

（4）封。封就是局部封闭。如室内塑料墙纸、木地板油漆完成后，应立即锁门封闭；屋面防水完成后，应封闭上屋面的楼梯门或出人口。

4.2.3 竣工验收阶段的质量管理

竣工验收阶段质量管理的主要工作有：收尾工作、竣工资料的准备、竣工验收的预验收、竣工验收、工程质量回访。

1．收尾工作

收尾工作的特点是零星、分散、工程量小、分布面广，如不及时完成将会直接影响项目的验收及投产使用。因此，应编制项目收尾工作计划并限期完成。项目经理和技术人员应对竣工收尾计划执行情况进行检查，重要部位要重点检查并做好记录。

2．竣工资料的准备

竣工资料是竣工验收的重要依据。承包人应按竣工验收条件的规定，认真整理工程竣工资料。竣工资料包括以下内容：

1）工程项目开工报告。

2）工程项目竣工报告。

3）图样会审和设计交底记录。

4）设计变更通知单。

5）技术变更核定单。

6）工程质量事故发生后调查和处理的资料。

7）水准点位置、定位测量记录、沉降及位移观测记录。

8）材料、设备、构件的质量合格证明资料。

9）试验、检验报告。

10）隐蔽工程验收记录及施工日志。

11）竣工图。

12）质量验收评定资料。

13）工程竣工验收资料。

交付竣工验收的施工项目必须有与竣工资料目录相符的分类组卷档案。

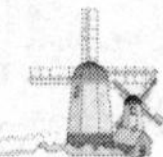

竣工资料的整理注意以下几点：

1）工程施工技术资料的整理应始于工程开工，终于工程竣工，真实记录施工全过程，不能事后伪造。

2）工程质量保证资料的整理应按专业特点，根据工程的内在要求，按工程管理规范进行分类组卷。

3）工程检验评定资料的整理应按单位工程、分部工程、分项工程检验批划分的顺序，进行分类组卷。

4）竣工资料的组卷按各省、市、自治区的要求组卷。

3．竣工验收的预验收

施工单位自行组织的内部模拟验收称为预验收，它是顺利通过验收的可靠保证。预验收过程中可及时发现遗留问题和质量缺陷，并及时采取处理方案。

对于工程质量缺陷可采用的处理方案：

（1）修补处理。当工程的某些部分的质量虽未达到规定的规范标准或设计要求，存在一定的缺陷，但经过修补后还可达到要求的标准，又不影响使用功能或外观要求的，可以做出进行修补处理的决定。例如，某些混凝土结构表面出现蜂窝麻面，经调查、分析，该部位经修补处理后，不影响其结构安全使用及外观要求。

（2）返工处理。当工程质量未达到规定的标准或要求，有明显的严重质量问题，对结构的使用和安全有重大影响，而又无法通过修补办法给予纠正时，可以做出返工处理的决定。

（3）限制使用。当工程质量缺陷按修补方式处理无法保证达到规定的使用和安全要求，而又无法返工处理的情况下，不得已时可以做出结构卸荷、减荷以及限制使用的决定。

（4）不做处理。某些工程质量缺陷虽不符合规定的要求或标准，但其情况不严重，经过分析、论证和慎重考虑后，可以做出不做处理的决定。可以不做处理的情况有：不影响结构安全和使用要求；经过后续工序可以弥补的不严重的质量缺陷；经复核验算，仍能满足设计要求的质量缺陷。

4．竣工验收

（1）竣工验收的程序

1）竣工验收准备。承包人在工程完成后做好验收准备，清理现场，准备资料，进行结构安全检测抽查。

2）编制竣工验收计划。对竣工工程按验收内容编制出验收计划。

3）组织现场验收。主要包含五方面内容：各分部工程质量检查、有关资料文件完整、安全功能部分的分部工程应检验复查、对使用功能进行抽查、观感质量检查。

4）进行竣工结算。验收合格后，承包方按合同约定的时间进行结算。

5）移交竣工资料。工程项目在工程质量验收后由承包人向业主移交竣工资料。

6）办理交工手续。工程项目在工程质量验收后，由承包人向业主移交工程项目所有权的过程。

（2）竣工验收的依据

1）批准的设计文件、施工图纸及说明书。

2）双方签订的施工合同。

3）设备技术说明书。

4）设计变更通知书。

5）施工验收规范及质量验收标准。

（3）竣工验收的要求

1）设计文件和合同约定的各项施工内容已经施工完毕。

2）有完整并经核定的工程竣工资料，符合验收规定。

3）有勘察、设计、施工、监理等单位签署确认的工程质量合格文件。

4）有工程使用的主要建筑材料、构配件和设备进场的证明及试验报告。

5）合同约定的工程质量标准。

6）单位工程质量竣工验收的合格标准。

7）单项工程达到使用条件或满足生产要求。

8）建设项目能满足建成投入使用或生产的各项要求。

（4）竣工验收的实施。承包人确认工程竣工、具备竣工验收各项要求，自检合格，经监理单位认可签署意见后，向业主提交"工程验收报告"。业主收到"工程验收报告"后，应在约定的时间和地点，组织有关单位进行竣工验收。业主组织勘察、设计、施工、监理等单位按照竣工验收程序，组成验收小组，对工程进行核查验收，并做出验收结论，形成"工程竣工验收报告"。参与竣工验收的各方负责人在竣工验收报告上签字并盖单位公章，以对工程负责，如发现质量问题便于追查责任。

通过竣工验收程序，办完竣工结算后，承包人应在规定期限内向发包人办理工程移交手续。

5．工程质量回访

工程交付使用后，应定期进行回访，按质量保证书承诺对出现的质量问题及时解决。

（1）回访。回访是承包人对工程项目正常发挥功能而制定的工作计划、程序和质量管理体系。通过回访了解工程竣工交付使用后，用户对工程质量的意见，促进承包人改进工程质量管理，为顾客提供优质服务。规范规定："执行单位在每次回访结束后填写回访记录；在全部回访结束后，应编写'回访服务报告'。主管部门应依据回访记录对回访服务的实施效果进行验证。"

根据回访工作计划的安排，每次回访结束，执行单位或项目经理部应填写"回访工作记录"，撰写回访纪要，执行负责人应在回访记录上签字确认。

回访工作记录一般包括以下内容：存在哪些质量问题；使用人有什么意见；事后应采取什么措施处理；公正客观地记录正反两方面的评价意见。

全部回访工作结束，应提出"回访服务报告"，收集用户对工程质量的评价，分析质量缺陷的原因，总结正反两方面的经验和教训，采取相应的对策措施，以期以后的工作对哪些施工过程加强质量控制，改进施工项目的管理。

（2）保修。保修是业主与承包商在签订工程施工承包合同中根据不同行业、不同的工程情况协商制订的建筑工程保修书，对工程保修范围、保修时间、保修内容进行约定。规范规定："保修期为自竣工验收合格之日起计算，在正常使用条件下的最低保修期限。"

《建设工程质量管理条例》规定，在正常使用条件下，建设工程的最低保修期限为：

1）基础设施工程、房屋建筑的地基基础工程和主体结构工程，为设计文件规定的该工程的合理使用年限。

2）屋面防水工程、有防水要求的卫生间、房间和外墙面的防渗漏，为5年。

3）供热与供冷系统，为2个采暖期、供冷期。

4）电气管线、给排水管道、设备安装和装修工程，为2年。

其他项目的保修期限由发包方与承包方约定。

根据国务院公布的条例规定，发包人和承包人在签署“工程质量保修书”时，应约定在正常使用条件下的最低保修期限。保修期限符合下列原则：

1）条例已有规定的，应按规定的最低保修期限执行。

2）条例中没有明确规定的，应在工程“质量保修书”中具体约定保修期限。

3）保修期应自竣工验收合格之日起计算，保修有效期限至保修期满为止。

子单元3　施工项目质量管理方法

4.3.1　质量管理的七种方法

建筑工程质量管理的方法很多。科学地掌握质量状态，分析存在的质量问题，了解影响质量的各种因素，达到提高工程质量和经济效益的目的。

建筑工程上常用的统计方法有排列图法、因果分析图法、频数分布直方图法、控制图法、相关图法、统计调查表法、分层法。

1. 排列图法

排列图又称主次因素排列图。它是根据意大利经济学家帕累托（Pareto）提出的“关键的少数和次要的多数”的原理，由美国质量管理专家朱兰（J・M・Juran）运用于质量管理中而发明的一种质量管理图形。其作用是寻找主要质量问题或影响质量的主要原因以便抓住提高质量的关键，取得好的效果。图4-2是根据表4-1绘制的排列图。

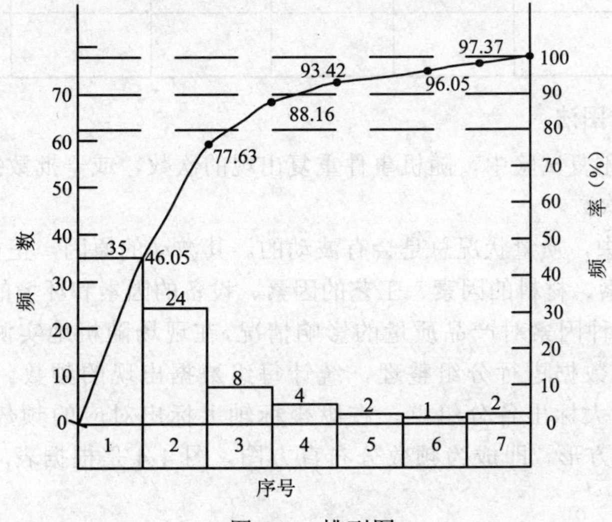

图4-2　排列图

表 4-1　柱子不合格点频数频率统计表

序　号	项　目	容许偏差/mm	不合格点数	频率（%）	累 计 频 率
1	轴线位移	5	35	46.05	46.05
2	柱高	±5	24	31.58	77.63
3	截面尺寸	±5	8	10.53	88.16
4	垂直度	5	4	5.26	93.42
5	表面平整度	8	2	2.63	96.05
6	预埋钢板中心偏移	10	1	1.32	97.37
7	其他		2	2.63	100.00
合　计			76	100.00	

2．因果分析图法

因果分析图按其形状又可称为鱼刺图或树枝图，也叫特性要因图。所谓特性，就是施工中出现的质量问题。所谓要因，也就是对质量问题有影响的因素或原因。

因果分析图是一种用来逐步深入地研究和讨论质量问题，寻找其影响因素，以便从重要的因素着手进行解决的一种工具，其形状如图 4-3 所示。因果分析图也像座谈会的小结提纲，可以供人们去寻找影响质量特性的大原因、中原因和小原因。找出原因后便可以有针对性地制定相应的对策加以改进。对策表示例见表 4-2。

表 4-2　对策表

序　号	项　目	现　状	目　标	措　施	地　点	负 责 人	完 成 期	备　注

3．频数分布直方图法

所谓频数，是在重复试验中，随机事件重复出现的次数，或一批数据中某个数据（或某组数据）重复出现的次数。

产品在生产过程中，质量状况总是会有波动的。其波动的原因，正如因果分析图中所提到的，一般有人的因素、材料的因素、工艺的因素、设备的因素和环境的因素。

为了了解上述各种因素对产品质量的影响情况，在现场随机地实测一批产品的有关数据将实测得来的这批数据进行分组整理，统计每组数据出现的频数。然后，在直角坐标的横坐标轴上自小至大标出各分组点，在纵坐标轴上标出对应的频数。画出其高度值为其频数值的一系列直方形，即成为频数分布直方图，图 4-4 是根据表 4-3 绘制的频数分布直方图。

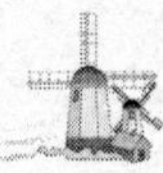

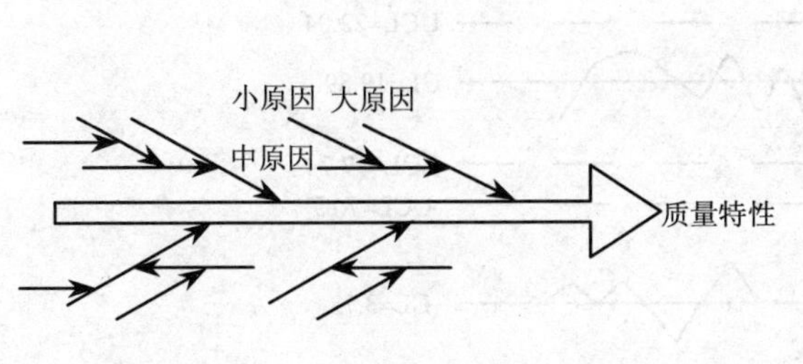

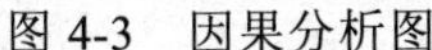

图 4-3 因果分析图

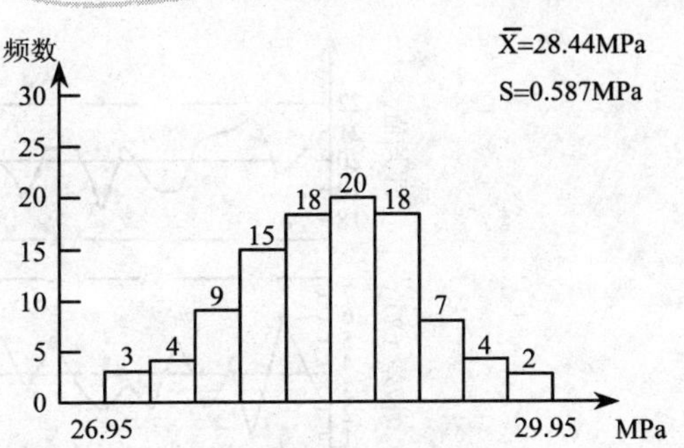

图 4-4 频数分布直方图

表 4-3 数据表

数据/MPa										最大值	最小值
29.4	27.3	28.2	27.1	28.3	28.5	28.9	28.3	29.9	28.0	29.9	27.1
28.9	27.9	28.1	28.3	28.9	28.3	27.8	27.5	28.4	27.9	28.9	27.5
28.8	27.1	27.1	27.9	28.0	28.5	28.6	28.3	28.9	28.8	28.9	27.1
28.5	29.1	28.1	29.0	28.6	28.9	27.9	27.8	28.6	28.4	29.1	27.8
28.7	29.2	29.0	29.1	28.0	28.5	28.9	27.7	27.9	27.7	29.2	27.7
29.1	29.0	28.7	27.6	28.3	28.3	28.6	28.0	28.3	28.5	29.1	27.6
28.5	28.7	28.3	28.3	28.7	28.3	29.1	28.5	27.7	29.3	29.3	27.7
28.8	28.3	27.8	28.1	28.4	28.9	28.1	27.3	27.5	28.4	28.9	27.3
28.4	29.0	28.9	28.3	28.6	27.7	28.7	27.7	29.0	29.4	29.4	27.7
29.3	28.1	29.7	28.5	28.9	29.0	28.8	28.1	29.4	27.9	29.7	27.9

频数分布直方图的作用是通过对数据的加工、整理、绘图，掌握数据的分布状况，从而判断加工能力、加工质量，以及估计产品的不合格频率。

4．控制图法

控制图又称管理图，是能够表达施工过程中质量波动状态的一种图形。使用管理图，能够及时地提供施工中质量状态偏离控制目标的信息，提醒人们及时地采取措施，使质量始终处于管理状态。

使用管理图，使工序质量的管理由事后检查转变为以预防为主，使质量管理产生了一个飞跃。1924 年美国人休哈特发明了这种图形，此后在质量管理中得到了日益广泛的应用。管理图与前述各统计方法的根本区别在于，前述各种方法所提供的数据是静态的，而管理图则可提供动态的质量数据，使人们有可能管理、及控制异常状态的产生或蔓延。

如前所述，质量的特性总是有波动的，波动的原因主要有人、材料、设备、工艺、环境五个方面。管理图就是通过分析不同状态下统计数据的变化，来判断五个系统因素是否有异常而影响质量，也就是要及时发现异常因素并加以管理，保证工序处于正常状态。它通过子样数据来判断总体状态，以预防不良产品的产生。图 4-5 是根据表 4-4 绘制的管理图。图中的 UCL 称为上控制界限，LCL 称为下控制界限，CL 是所有数据的平均值。

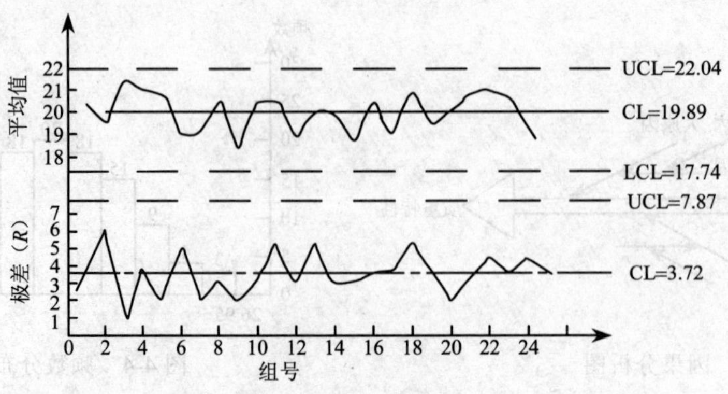

图 4-5　*X*—*R* 控制图

表 4-4　混凝土构件强度数据表　　（单位：MPa）

组　号	测定日期	*X*1	*X*2	*X*3	*X*4	*X*5	*X*	*R*
1	10—10	21.0	19.0	19.0	22.0	20.0	20.2	3.0
2	11	23.0	17.0	18.0	19.0	21.0	19.6	6.0
3	12	21.0	21.0	22.0	21.0	22.0	21.4	1.0
4	13	20.0	19.0	19.0	23.0	20.0	20.8	4.0
5	14	21.0	22.0	20.0	20.0	21.0	20.8	2.0
6	15	21.0	17.0	18.0	17.0	22.0	19.0	5.0
7	16	18.0	18.0	20.0	19.0	20.0	19.0	2.0
8	17	22.0	22.0	19.0	20.0	19.0	20.4	3.0
9	18	20.0	18.0	20.0	19.0	20.0	19.4	2.0
10	19	18.0	17.0	20.0	20.0	17.0	18.4	3.0
11	20	18.0	19.0	19.0	24.0	21.0	20.2	6.0
12	21	19.0	22.0	20.0	20.0	20.0	20.2	3.0
13	22	22.0	18.0	16.0	19.0	18.0	18.8	6.0
14	23	20.0	22.0	21.0	21.0	18.8	20.0	3.0
15	24	18.0	20.0	18.0	21.0	20.0	19.8	3.0
16	25	16.0	18.0	19.0	20.0	20.0	18.6	4.0
17	26	21.0	22.0	21.0	20.0	18.0	20.4	4.0
18	27	18.0	18.0	16.0	21.0	22.0	19.0	6.0
19	28	21.0	21.0	21.0	21.0	20.0	21.4	4.0
20	29	21.0	19.0	19.0	19.0	19.0	19.4	2.0
21	30	21.0	19.0	19.0	20.0	22.0	20.0	3.0
22	31	20.0	20.0	23.0	22.0	18.0	20.6	5.0
23	11—1	22.0	22.0	20.0	18.0	22.0	20.3	4.0
24	2	19.0	19.0	20.0	24.0	22.0	20.4	5.0
25	3	17.0	21.0	21.0	18.0	19.0	19.2	4.0
合　计							497.2	93.0

5．相关图法

相关图又叫散布图。它不同于前述各种方法之处是：相关图法不是对一种数据进行处理和分析。而是对两种测定数据之间的相关关系进行处理、分析和判断。它也是一种动态的分析方法。工程施工中，工程质量的相关关系有三种类型：第一种是质量特性和影响因素之间的关系，例如混凝土强度与温度的关系；第二种是质量特性与质量特性之间的关系，如混凝土强度与水泥强度等级之间的关系、钢筋强度与钢筋混凝土强度之间的关系等；第三种是影响因素与影响因素之间的关系，如混凝土容重与抗渗能力之间的关系、沥青的黏结力与沥青的延伸率之间的关系等。

通过对相关关系的分析、判断，可以给人们提供对质量目标进行控制的信息。

分析质量结果与产生原因之间的相关关系，有时从数据上比较容易看清，但有时从数据上很难看清。这就有必要借助相关图为进行相关分析提供方便。

使用相关图，就是通过绘图、计算与观察，判断两种数据之间究竟是什么关系，建立相关方程，从而通过控制一种数据达到控制另一种数据的目的。正如我们掌握了在弹性极限内钢材的应力和应变的正相关关系（直线关系）可以通过控制拉伸长度（应变）而达到提高钢材强度的目的一样（冷拉的原理）。图 4-6 是根据表 4-5 绘制的相关图。

表 4-5 混凝土密度与抗渗的关系

抗渗 kN/m²	密度 kN/m³	抗渗 kN/m²	密度 kN/m³	抗渗 kN/m²	密度 kN/m³	抗渗 kN/m²	密度 kN/m³	抗渗 kN/m²	密度 kN/m³
780	2 290	650	2 080	480	1 850	580	2 040	550	1 940
500	1 919	700	2 150	730	2 200	590	2 050	680	2 140
550	1 960	840	2 520	750	2 240	640	2 060	620	2 110
810	2 400	520	1 900	810	2 440	780	2 350	630	2 120
800	2 350	750	2 250	690	2 170	350	2 300	700	2 200

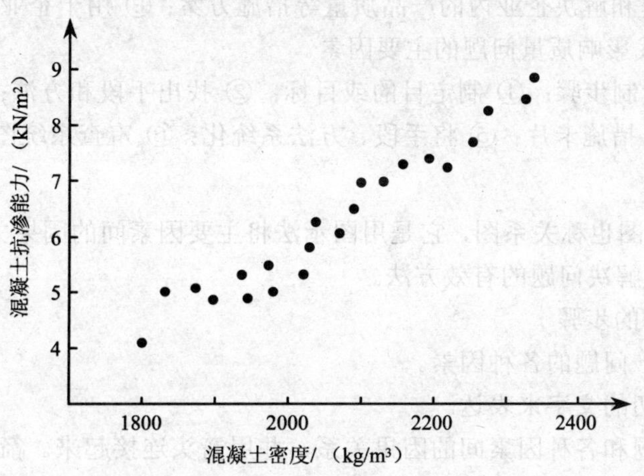

图 4-6 混凝土密度与抗渗相关图

6．统计调查表法

统计调查表又称检查表、核对表、统计分析表，它是用来记录、收集和累积数据并对数据进行整理和粗略分析。

7．分层法

分层指将收集来的数据按一定的标准分类、分组、整理。每组叫做一层，故又称分类法或分组法。

数据分层是调查分析的关键，在使用时，同一层内的数据波动幅度尽可能小，层之间差别尽可能大。

4.3.2 新质量管理的七种方法

所谓新质量管理是对老质量管理的一种叫法，是 20 世纪 70 年代日本总结出来的，它是运用运筹学原理，通过广泛调查研究进行分类和整理的方法。

新质量管理七种方法分为系统图法、关联图法、KJ 图法、矩阵图法、矩阵数据解析法、PDPC 法、箭头图法。

1．系统图法

（1）定义：系统图也称为树形图，它是寻求实现目的最佳手段的方法，是一种近似过去家谱图、组织图的模式。图 4-7 为系统图的基本形式。

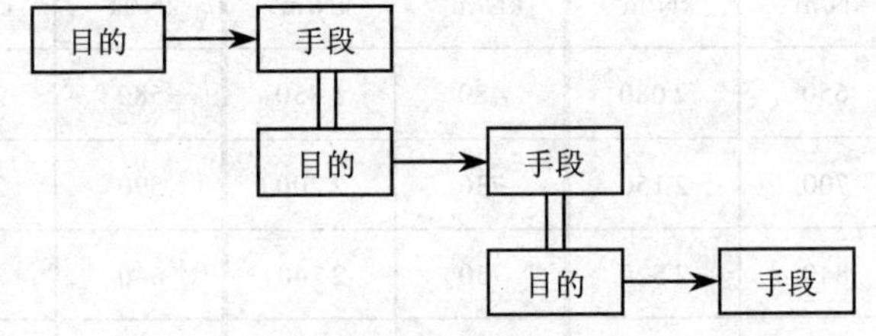

图 4-7　系统图的基本形式

（2）系统图的用法：以质量活动为中心的系统图应用于以下几个方面：① 用于方针目标的展开；② 用于制定和解决企业内的产品质量等措施方案；③ 用于企业人员的组织机构和管理体制；④ 用于寻找影响质量问题的主要因素。

（3）系统图的绘制步骤：① 制定目的或目标；② 找出手段和方法；③ 确立评价手段、措施；④ 绘制手段、措施卡片；⑤ 将手段、方法系统化；⑥ 审查系统图；⑦ 制定实施计划。

2．关联图法

（1）定义：关联图也称关系图，它是用图示法将主要因素间的因果关系用箭头连接起来，确定终端因素，提出解决问题的有效方法。

（2）绘制关联图的步骤

① 提出解决某一问题的各种因素。

② 用简单而确切的文字来表达。

③ 确定存在问题和各种因素间的因果关系，并用箭头连接起来。箭头的方向总是从原因⟶结果、目的⟶手段，这种关系是相互制约的。

④ 根据图形，不厌其烦地重复校核，检查有无遗漏。

⑤ 确定终端因素，及时采取措施。

（3）关联图的应用：关联图广泛地应用于企业的一切活动中，如从工序管理上分析某项活动的原因，如厕所、厨房的渗漏（图 4-8）。

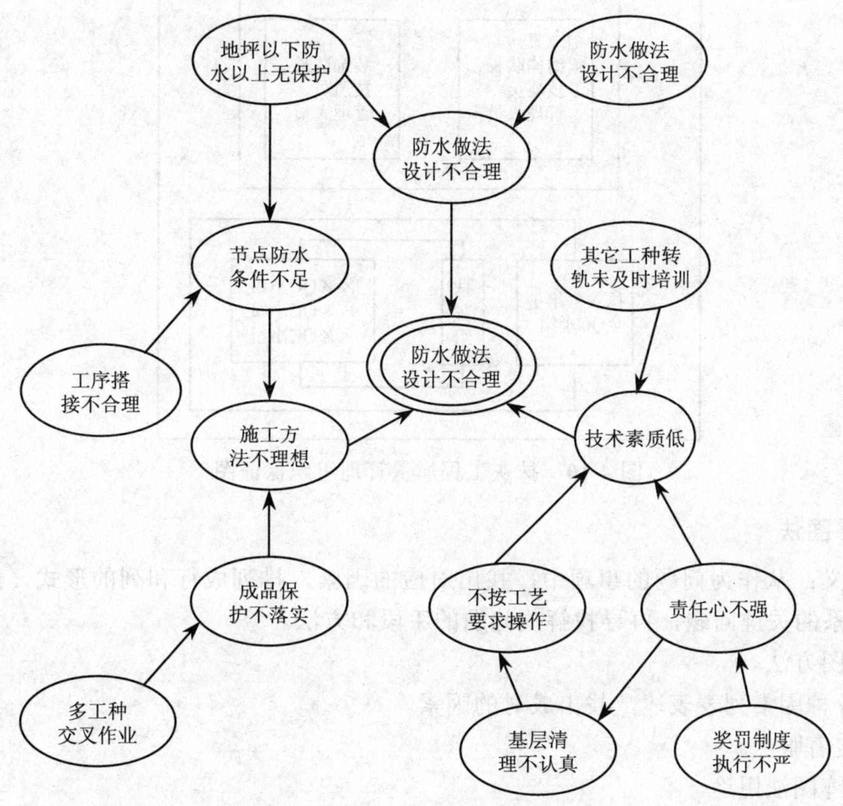

图 4-8 厕所、厨房渗漏原因分析

3．KJ 图法

（1）定义：KJ 图法是将处于混乱状态中的语言文字资料，利用其间的内在关系加以归类整理，然后找出解决问题的方法。KJ 图的基本形式如图 4-9 所示。

（2）使用方法及步骤：大量收集资料，确定内在关系和亲和性的规律，做出逻辑性的图解。

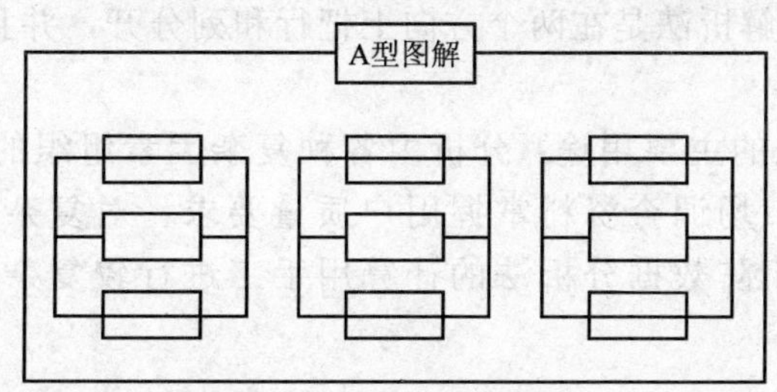

图 4-9 KJ 图的基本形式

（3）KJ 图法的主要用途：① 认识事实；② 确立思想观念；③ 打破现状；④ 用于参谋筹划组织。

图 4-10 为利用 KJ 图法绘制的抹灰质量管理组织保证图。

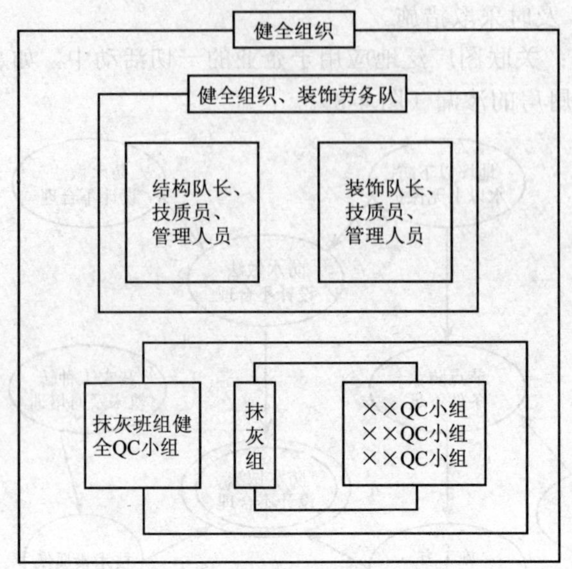

图 4-10　抹灰工程质量管理组织保证图

4．矩阵图法

（1）定义：从作为问题的事项中，找出对应的因素，排列成行和列的形式，然后找出其中有密切关系的关键问题，再寻找解决问题的手段和方法。

（2）作图方法

1）把各种因素列表表述，找出成对的因素。

2）确定着眼点。

（3）矩阵图法用途

1）明确质量保证与部门关系。

2）明确产品质量保证与试验检验关系。

3）明确产品质量不合格与哪些管理部门有关系。

4）用于产品质量与多个变量的分析。

5．矩阵数据解析法

（1）定义：矩阵数据解析法是在两个方向上把行和列分开，并且用符号或数据在该栏内记入其关联程度的图法。

（2）矩阵数据解析法的主要用途：分析由各种复杂因素组织的工序，分析由大量数据组成的不良因素，根据市场调查资料掌握用户质量要求，对复杂质量进行评价，把功能特征分类体系化等等。矩阵数据分析法的计算用手工进行较复杂，因此在建筑业尚未广泛应用。

6．PDPC 法（Process Decision Program Chart）

（1）定义：PDPC 法是过程决策程序图法的简称。它对事态进展过程可以设想各种可能的结果进行预测。图 4-11 为 PDPC 法的模式图。

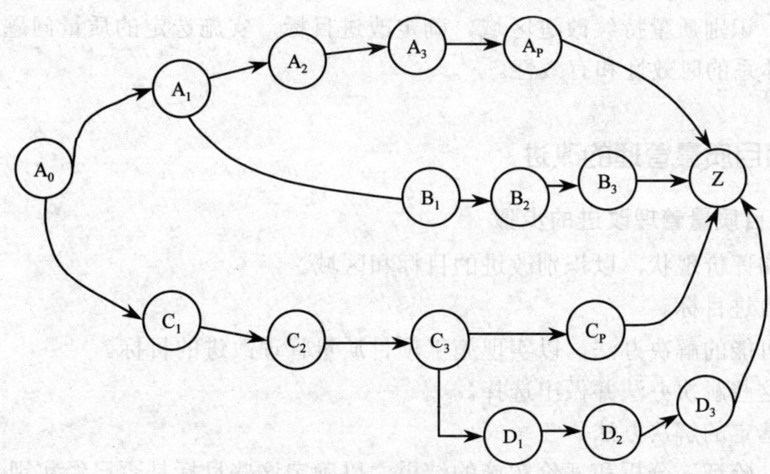

图 4-11 PDPC 法的模式图

（2）PDPC 法的原理：PDPC 法依据的是运筹学理论中系统整体性原理、动态管理、时空有序性及控制反馈性，是确定出达到最佳结果的途径。

（3）PDPC 法的用途：① 预测计划阶段，邀请各方面的人员讨论所要解决的问题；② 制定措施；③ 方案评估；④ 优化路径；⑤ 明确分工。

7. 箭头图法

箭头图法又称网络图。它反映和表达计划的安排，通过分析和计算以求得最优化方案。正确表达工序之间的相互依存和相互制约的逻辑关系。详见单元 5。

新七种工具着重来解决全面质量管理各阶段的有关质量问题，而老七种工具主要用来预防和控制生产现场的工序质量问题。因此，它们是相辅相成的，是互相补充和充实的关系，而不是代替关系。新老七种工具对比详见表 4-6。

表 4-6 新老七种工具对比表

项 目	新七种工具	老七种工具
形式	以语言、图形为主，是思维的工具	以数据为主，是整理分析数据的工具
运用特点	预见性强，多用于计划阶段，属于思考型	鉴别性强，多用于调查分析问题，属于判断型，多用于实施和检查阶段
图形	图形画法比较灵活，自由度大，难度大，表现比较复杂	图形画法固定，表现清楚
应用范围	主要用于管理决策	主要用于生产现场

子单元 4 施工项目质量管理持续改进与检查验证

施工项目质量管理应利用施工企业质量手册中的质量方针、质量目标定期分析和评价项目管理现状，识别质量持续改进区域，确定改进目标，实施选定的质量问题的解决办法，改进质量管理体系的时效性和有效性。

4.4.1 施工项目质量管理的改进

1．施工项目质量管理改进的步骤

（1）分析和评价现状，以识别改进的目标和区域。

（2）确定改进目标。

（3）寻找可能的解决办法，以实现施工项目质量管理改进的目标。

（4）评价这些解决办法并做出选择。

（5）实施选定的解决办法。

（6）测量、验证、分析和评价实施的结果，以确定这些目标是否已经实现。

（7）正式采纳更正（即形成正式的规定）。

（8）必要时，对改进结果进行评审，以确定进一步改进的机会。

2．改进的方法和内容

（1）持续改进的方法

1）通过建立和实施质量目标，营造一个激励改进氛围和环境。

2）确立质量目标以明确改进方向。

3）通过数据分析、内部审核不断寻求改进的机会，并作出适当的改进活动安排。

4）通过纠正和预防措施及其他适当的措施实现改进。

5）在管理评审中评价改进效果，确定新的改进目标和改进的决定。

（2）持续改进的范围及内容。持续改进的范围包括质量体系、过程和产品三个方面，改进的内容涉及产品质量、日常的工作和企业长远的目标。不合格现象必须纠正、改进，目前合格但不符合发展需要的也要不断改进。

3．对不合格的管理

（1）应按企业的不合格管理程序，不允许不合格物资进入项目的施工现场，严禁不合格工序未经处置而转入下道工序。

（2）对验证中发现的不合格产品和过程，应按规定进行鉴别、标识、记录、评价、隔离和处置。

（3）对不合格应进行评审。

（4）不合格的处置应根据不合格的严重程度，按返工、返修或让步接收、降级使用、拒收或报废等情况进行处理。构成等级质量事故的不合格，应按国家法律、行政法规进行处置。

（5）对返修或返工后的产品，应按规定重新进行检验和试验，并应保存记录。

（6）对不合格让步接收时，项目经理部应向业主提出书面让步申请，记录不合格程度和返修的情况，双方签字确认让步接收协议和接收标准。

（7）对影响建筑主体结构安全和使用功能的不合格，应邀请业主代表、监理工程师、设计人，共同确定处理方案，报建设主管部门批准。

（8）检验人员必须保存不合格管理的记录。

4．对不合格管理的预防措施

（1）项目经理部应定期召开质量分析会，对影响工程质量潜在原因，采取预防措施。
（2）对可能出现的不合格，应制定防止其发生的措施并组织实施。
（3）对质量通病应采取预防措施。
（4）对潜在的严重不合格，应实施预防措施，按管理程序处理。
（5）项目经理部应定期评价预防措施的有效性。

5．对不合格管理的纠正措施

纠正措施是针对不合格产品产生的原因，采取消除原因，防止不合格再发生的措施。

（1）对发包人或监理工程师、设计人、质量监督部门提出的质量问题，应分析原因，制定纠正措施。

（2）对已发生或潜在的不合格信息，应分析并记录结果。

（3）对检查发现的工程质量问题或不合格报告提及的问题应由项目技术负责人组织有关人员判定不合格程度，制定纠正措施。

（4）对严重不合格或重大质量事故，必须实施纠正措施。

（5）实施纠正措施的结果应由项目技术负责人验证并记录；对严重不合格或等级质量事故的纠正措施和实施效果应验证，并应报企业管理层。

（6）项目经理部或责任单位应定期评价纠正措施的有效性。

4.4.2 施工项目质量计划的检查验证

项目经理部应对项目质量计划执行情况组织检查、内部审核和考核评价，验证实施效果。项目经理应依据考核中出现的问题、缺陷或不合格情况，定期或不定期召开有关人员参加质量分析会，并制定整改措施。

单元小结

建筑工程项目质量管理为达到质量要求所采取的作业技术和作业活动。施工项目的质量不是靠事后检验出来的，而是在施工过程中创造出来的，把工程质量从事后检查把关转为事前、事中管理，从对产品质量的检查转为对工作质量的检查、对工序质量的检查，对中间产品质量的检查。科学地掌握质量状态，分析存在的质量问题，了解影响质量的各种因素，达到提高工程质量和经济效益的目的，是施工企业追求的目标。为达到此目标，必须会选定不同的质量管理方法。

思考与拓展

1．为什么施工项目的质量不是靠事后检验出来的，而是在施工过程中创造出来的？
2．单位工程、分部分项工程由谁组织工程竣工验收？哪些单位参加？

3．为什么施工项目质量管理是承包企业的核心？如何理解“百年大计，质量第一”？

4．回访工作由谁来回访？回访工作记录包含哪些内容？

训练题

1．建立质量体系的原则有（　　）。

A．坚持质量第一　　B．坚持预防为主

C．坚持全面管理　　D．坚持以人为控制核心

2．项目质量管理因素包括（　　）。

A．人　　B．材料　　C．机械和方法　　D．环境

3．企业的质量方针和目标是（　　）。

A．质量第一　　B 预防为主　　C．百年大计　　D．质量第一

4．质量要求包括（　　）。

A．适用性　　B．可靠性　　C．安全性　　D．质量第一

5．技术交底的方式有（　　）。

A．会议交底　　B．挂牌交底　　C．口头交底　　D．样板交底

6．“三检”制度是指（　　）。

A．自检　　B．互检　　C．交接检　　D．班组检

单元 5　建筑工程项目进度管理

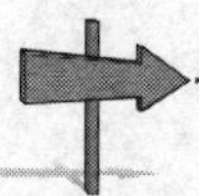

学习目标：

1. 掌握施工进度计划。
2. 了解流水施工、横道图、网络图。
3. 会编制施工进度计划。
4. 对进度计划进行中出现的问题会进行有效的控制。

重点难点：

本单元的重点难点是如何编制好一个切实可行的施工进度计划。单位工程施工进度计划是以施工方案为基础，根据施工总体方案和工期技术物资的供应条件，遵循各施工过程合理的工艺顺序，统筹安排各项施工活动。施工顺序包括流水施工、平行施工、依次施工。施工进度计划的形式有横道图、网络图。施工进度计划在实施的过程中发现问题，要及时的进行调整。

子单元 1　施工项目进度管理概述

5.1.1　施工项目进度管理的概念

项目进度管理应以实现施工合同约定的竣工日期为最终目标，即施工的进度必须保证在合同规定的期限内把建筑工程交付给业主（发包方）。

一般说来，项目施工应分期分批竣工，这样，施工合同可能约定几个分期分批竣工的竣工日期。这个日期是发包人的要求，是不能随意改变的，发包人和承包人任何一方改变这个日期，都会引起索赔。因此，项目管理者应以合同约定的竣工日期，作为指导控制行动的指南。

5.1.2　施工项目进度管理的分类

1．按编制对象分

（1）施工进度总管理计划。施工进度总管理计划是施工总体方案在时间序列上的反映。工业建设项目或民用建筑群，在施工组织总设计阶段编制的施工总进度计划，是属于概略的控制性进度计划，用以确定各主要工程项目的施工起止日期，综合平衡各施工阶段建筑工程的工程量和投资分配。

（2）单位工程施工进度管理计划。单位工程施工进度计划是以施工方案为基础，根据施工总体方案和工期技术物资的供应条件，遵循各施工过程合理的工艺顺序，统筹安排各项施工活动。它是为各施工过程指明一个确定的施工日期（时间计划），并以此为依据确定施工作业所必需的劳动力和各种技术物资的供应计划。

2．按施工时间分

（1）年度施工进度管理计划。

（2）季度施工进度管理计划。

（3）月度施工进度管理计划。

（4）旬施工进度管理计划。

（5）周施工进度管理计划。

业主按单位工程中主要分部工程确定施工日期，并在合同中约定，是业主对工程进度的要求。承包商按承包的专业或施工阶段分解，是承包人为完成合同规定的进度管理目标，进行目标分解而确定的自我管理方式。

5.1.3 施工项目进度管理计划的内容

1．施工总进度计划的内容

（1）编制说明：主要包括编制依据、步骤、内容。

（2）施工进度总计划表有两种形式：一种为横道图，另一种为网络图。

（3）分期分批施工工程的开、竣工日期、工期一览表。

（4）资源供应平衡表：为满足进度管理而需要的资源供应计划。

2．单位工程施工进度计划的内容

（1）编制说明：主要包括编制依据、步骤、内容和方法。

（2）进度计划图有两种形式：一种为横道图，另一种为网络图。

（3）单位工程施工进度计划的风险分析及管理措施，主要是指施工进度计划由于其他不可预见的因素（如工程变更、自然条件和拖欠工程款等原因）无法按计划完成时而采取的措施。

5.1.4 施工项目进度管理的作用

施工进度计划是施工组织设计的重要组成内容之一，是控制各分部分项工程施工进度的主要依据，也是编制季度、月度施工作业计划及各项资源需要量计划的依据，其主要作用是：

（1）确定各主要分部分项工程名称及其施工顺序。

（2）确定各施工过程需要的延续时间。

（3）明确各施工过程相互之间的衔接、穿插、平行搭接、协作配合等关系。

（4）指导现场施工安排。

（5）确保施工进度和施工任务如期完成。

（6）确定为完成任务所必需的劳动工种和总劳动量及各种机械、各种技术物资资源的需要量。

工程完工后要及时提供总结报告，通过报告总结管理进度的经验方法，对存在的问题进行分析提出改进意见，以利于以后的工作。

子单元2 施工项目进度管理计划

5.2.1 施工项目进度计划的编制依据

1．施工项目总进度计划编制依据

（1）施工合同。施工合同中的施工组织设计、合同工期、分期分批工程的开竣工日期，有关工期提前或延误调整的约定。

（2）施工进度目标。除合同约定的施工进度目标外，承包商可能有自己的施工进度目标，用以指导施工进度计划的编制（可能比业主要求的提前）。

（3）工期定额。

（4）有关技术经济资料。如施工地质、环境等资料。

（5）施工部署与主要工程施工方案。施工项目进度计划应在施工方案确定后编制。

（6）其他资料。如类似工程的进度计划。

2．单位工程进度计划编制依据

（1）项目管理目标责任书。项目经理在项目管理目标责任书中明确规定项目进度目标。这个目标既不是合同目标，又不是定额工期，而是项目管理的责任目标，不但有工期，而且有开工时间和竣工时间。项目管理目标责任书中对进度的要求，是编制单位工程施工进度计划的依据。

（2）施工总进度计划。单位工程施工进度计划必须执行施工总进度计划中所要求的开、竣工时间。

（3）施工方案。施工方案对施工进度计划有决定性作用。施工顺序就是施工进度计划的施工顺序，施工方法直接影响施工进度。机械设备既影响所涉及的项目的持续时间、施工顺序，又影响总工期。因此，在确定施工进度计划时，对施工方案应引起足够的重视。

（4）主要材料和设备的供应能力。施工进度计划编制的过程中，必须考虑主要材料和机械设备的供应能力。一旦进度确定，则供应能力必须满足进度的需要。

（5）施工人员的技术素质及劳动效率。施工人员的技术素质及劳动效率的高低，影响着进度和质量。施工人员的技术素质必须满足规定要求。

（6）施工现场条件，包括气候条件、环境条件、地质条件等。

（7）已建成的同类工程实际进度及经济指标。

5.2.2 施工项目进度计划的编制步骤

1．施工总进度计划编制步骤

（1）收集编制依据。

（2）确定进度管理目标：根据施工合同确定单位工程的先后施工顺序和开、竣工日期及工期。应在充分调查研究基础上，确定一个既能实现合同工期，又可实现指令工期的施工进度计划，从而确定作为进度管理目标的工期。

（3）计算工程量：首先根据建设项目的特点划分项目。项目划分不宜过多，应突出主要项目，一些附属、辅助工程可以合并。然后估算各主要项目的实物工程量。

按上述方法计算出的工程量，填入统一的工程量汇总表中，见表 5-1。

表 5-1　工程量汇总表

序号	分部分项工程名称	单位	合计	车间	仓库	管网	生活福利	临时设施	备注

（4）确定各单位工程的施工期限和开、竣工日期。影响单位工程施工期限的因素很多，主要是：建筑类型、结构特征、工程规模、施工方法、施工技术和施工管理水平、劳动力和材料供应情况以及施工现场的地形、地质条件等。因此，各单位工程的工期按合同约定的工期，并根据现场具体情况，综合考虑后予以确定。

（5）安排各单位工程的搭接关系。在确定了各主要单位工程的施工期限之后，就可以进一步安排各单位工程的搭接施工时间。在解决这一问题时，一方面要根据施工方案中的计划工期及施工条件，另一方面要尽量使主要工种的人员基本上连续、均衡地施工。在具体安排时应着重考虑以下几点：

1）根据（合同约定）使用要求和施工可能，分期分批地安排施工，明确每个单位工程开、竣工时间。

2）对于施工难度较大、施工工期较长的，应优先安排施工。

3）同一时期的开工项目不应过多，应相互错开。

4）每个施工项目的施工准备、土建施工、设备安装和试生产的时间要合理衔接。

5）土建工程中的主要分部分项工程应实行连续、均衡的流水施工方法。

（6）编制施工进度计划。根据各施工项目的工期与搭接时间，编制初步进度计划。按照流水施工与综合平衡的要求，调整进度计划，最后编制施工总进度计划。

2．单项工程进度计划编制步骤

（1）研究施工图和有关资料，调查施工条件。如认真研究施工图、施工组织总设计对单位工程进度计划的要求。

（2）施工过程的划分。施工过程的多少、粗细程度根据工程不同而有所不同，宜粗不宜细。

1）施工过程的粗细程度。为使进度计划能简明清晰、便于掌握，原则上应在可能条件下尽量减少施工过程的数目。分项越细，则项目越多，就会显得越复杂。所以，施工过程划分的粗细要根据施工任务的具体情况来确定，原则上应尽量减少项目数量，能够合并的项目尽可能地予以合并。

2）施工过程项目应与施工方法一致。施工过程项目的划分，应结合施工方案来考虑，以保证进度计划表能够完全符合施工进度的实际情况，真正能起到指导施工的作用。

（3）编排合理施工顺序。施工顺序是在施工方案中确定的施工流向和施工程序的基础上，按照所选施工方法和施工机械的要求确定的。

确定施工顺序是为了按照施工的技术规律和合理的组织关系，解决各项目之间在时间上的先后顺序和搭接关系，以期做到保证质量、安全、充分利用空间、争取时间、实现合理安排工期的目的。

工业与民用建筑的施工顺序不同。在设计施工顺序时，必须根据工程的特点、技术和组织上的要求以及施工方案等进行研究，不能拘泥于某种僵化的顺序。

（4）计算各施工过程的工程量与定额。施工过程确定之后，根据施工图及有关工程量计算规则，按照施工顺序的排列，分别计算各个施工过程的工程量。

在计算工程量时，应注意施工方法，不管何种施工方法，计算出的工程量应是一样。

在采用分层分段流水施工时，工程量也应按分层分段分别加以计算，以保证与施工实际吻合，有利于施工进度计划的编制。

工程量的计算单位应与劳动定额中的同一项目的单位一致，避免工程量计算后在套用定额时，又要重复计算。

如已有施工图预算，则在编制施工进度计划时，不必另行计算工程量，直接从施工图预算中选取，但是要注意根据施工方法的需要，按施工实际情况加以修订和调整。

（5）确定劳动力和机械需要量及持续时间。计算劳动量和机械台班需要量时，应根据现行劳动定额，并考虑实际施工水平，预测超额完成任务的可能性。

施工项目工作持续时间的计算方法一般有经验估计法、定额计算法和倒排计划法。

1）经验估计法。这种方法就是根据过去的经验进行估计，一般适用于采用新工艺、新技术、新结构、新材料等无定额可循的工程。先估计出完成该施工项目的最乐观时间（A）、最悲观时间（C）和最可能时间（B）三种施工时间，然后按下式确定该施工项目的工作持续时间。

$$t=(A+4B+C)/6$$

2）定额计算法。这种方法就是根据施工项目需要的劳动量或机械台班量，以及配备的劳动人数或机械台数，来确定其工作持续时间。

$$T_i=\frac{P_i}{R_i\cdot b}$$

式中　T_i—— 施工项目持续时间（天）；

P_i——该施工项目所需的劳动量（工日）或机械台班量（台班）；

R_i——该施工项目所配备的施工班组人数（人）或机械配备台数（台）；

b——每天采用的工作班制。

在应用上述公式时，必须先确定 R_i、b 的数值。

施工班组人数的确定。在确定施工班组人数时，应考虑最小劳动组合人数、最小工作面和可能安排的施工人数等因素。最小劳动组合即某一施工过程进行正常施工所必需的最低限度的班组人数及其合理组合；最小工作面即施工班组为保证安全生产和有效地操作所必需的工作面；可能安排的人数是指施工单位所能配备的人数。

工作班制的确定。一般情况下，当工期允许、劳动力和机械周转使用不紧迫、施工工艺上无连续施工要求时，可采用一班制施工。当组织流水施工时，为了给第二天连续施工创造条件，某些施工准备工作或施工过程可考虑在夜班进行，即采用二班制施工。当工期较紧或为了提高施工机械的使用率及加快机械的周转使用，或工艺上要求连续施工时，某些施工项目可考虑二班甚至三班制施工。

3）倒排计划法。倒排计划法是根据流水施工方式及总工期要求，先确定施工时间和工作班制，再确定施工班组人数或机械台数。如果计算得出的施工人数或机械台数对施工项目来说过多或过少时，应根据施工现场条件、施工工作面大小、最小劳动组合、可能得到的人数和机械等因素合理调整。如果工期太紧，施工时间不能延长，则可考虑组织多班组、多班制的施工。按公式 $R_i = \dfrac{P_i}{T_i \cdot b}$ 计算。

（6）编排施工进度计划。编制进度计划应优先使用网络计划图，也可使用横道计划图。具体内容本单元后面讲述。

（7）提出劳动力和物资计划。有了施工进度计划以后，还需要编制劳动力和物资需要量计划，附于施工进度计划之后。这样，就更具体、更明确地反映出完成该进度计划所必须具备的基本条件，便于领导掌握情况、统一平衡、保证及时调配，以满足施工任务的实际需要。

5.2.3 流水施工

流水施工是指所有施工过程按一定的时间间隔依次投入施工，各个施工过程陆续开工、陆续竣工，使同一施工过程的施工班组保持连续、均衡施工，不同的施工过程尽可能平行搭接施工的组织方式。

1．流水施工的优点

（1）流水施工能合理、充分地利用工作面，争取时间，加快工程的施工进度，从而有利于缩短施工工期。

（2）流水施工能保持各施工过程的连续性、均衡性，从而有利于提高施工管理水平和技术经济效益。

（3）流水施工能使各施工班组在一定时期内保持相同的施工操作和连续、均衡的施工，从而有利于提高劳动效率。

2．组织流水施工的要点

（1）划分分部、分项工程（施工过程）。首先将拟建工程，根据工程特点及施工要求，划分为若干个分部工程；其次按照工艺要求、工程量大小和施工班组情况，将各分部工程划分为若干个施工过程（即分项工程）。

（2）划分施工段。根据组织流水施工的需要，将拟建工程在平面上或空间上，划分为工程量大致相等的若干个施工段。

（3）每个施工过程组织独立的施工班组。每个施工过程有独立的施工班组，这样可使每个施工班组按施工顺序，依次、连续、均衡地从一个施工段转移到另一个施工段进行相同的操作。

（4）主要施工过程必须连续、均衡地施工。对工程量较大、施工时间较长的主要施工过程，必须组织连续、均衡施工；对其他次要施工过程，可考虑与相邻的施工过程合并，如不能合并，为缩短工期，可安排间断施工。

（5）不同的施工过程尽可能组织平行搭接施工。根据施工顺序，不同的施工过程，在有

工作面的条件下，除必要的技术和组织间歇时间外，应尽可能组织平行搭接施工。

3．流水施工的主要参数

（1）工艺参数。工艺参数是指流水施工的施工过程数目，以符号“N”表示。对于不同的施工进度计划，施工过程划分数目多少不同、粗细不一。

施工控制性进度计划，其施工过程划分可粗些，综合性大些。施工实施性进度计划，其施工过程划分可细些，具体些。对月度作业性计划，施工过程还可分解为工序，如安装模板、绑扎钢筋、浇筑混凝土等。

（2）空间参数。空间参数包括施工段和施工层。

组织流水施工时，拟建工程在平面上划分的若干个劳动量大致相等的施工区段，称为施工段，它的数目一般以“M”表示。

划分施工段的目的，是为了组织流水施工，保证不同的施工班组能在不同的施工段上同时进行施工，并使各施工班组能按一定的时间间隔转移到另一个施工段进行连续施工，即消除等待、停歇现象，又互不干扰。

施工层是指为满足竖向流水施工的需要，在建筑物垂直方向上划分的施工区段。施工层的划分视工程对象的具体情况而定，一般以建筑物的结构层作为施工层。

1）划分施工段的要求

① 施工段的数目要合理。施工段过多，会增加总的施工持续时间，而且工作面不能充分利用；施工段过少，则会引起劳动力、机械和材料供应的过分集中，有时还会造成“断流”的现象。

② 各施工段的劳动量（或工作量）一般应大致相等（相差一般在 15%以内），以保证各施工班组连续、均衡地施工。

③ 施工段的划分界限要以保证施工质量，不违反操作规程要求为前提。例如结构上不允许留施工缝的部位不能作为划分施工段的界限。

④ 当组织楼层结构的流水施工时，为使各施工班组能连续施工，上一层的施工必须在下一层对应部位完成后才能开始。即各施工班组做完第一段后，能立即转入第二段；做完第一层的最后一段后，能立即转入第二层的第一段。因此，每一层的施工段数 M_0 必须大于或等于其施工过程数 N，即

$$M_0 \geqslant N$$

2）施工段划分的一般部位。施工段划分的部位要有利于结构的整体性，应考虑到施工工程对象的特点。一般按下述几种情况划分施工段的部位。

① 设置有伸缩缝、抗震缝、沉降缝的建筑工程，可按此缝为界划分施工段。

② 单元式的住宅工程，可按单元为界分段，必要时以半个单元处为界分段。

③ 道路、管线等按长度方向延伸的工程，可按一定长度作为一个施工段。

④ 多幢同类型建筑，可以一幢房屋作为一个施工段。

（3）时间参数。时间参数有流水节拍、流水步距等。

1）流水节拍。流水节拍是指从事某一施工过程的施工班组在某一施工段上完成施工任务所需的时间，用符号 t_i 表示（i=1，2，……）。

流水节拍的大小直接关系到投入的劳动力、材料和机械的多少，决定着施工速度和施工

的节奏。因此，合理确定流水节拍，具有重要意义。一般流水节拍可按下式确定：

$$t_i = \frac{P_i}{R_i b} = \frac{Q_i}{S_i R_i b}$$

或

$$t_i = \frac{P_i}{R_i b} = \frac{Q_i H_i}{R_i b}$$

式中 t_i——某施工过程的流水节拍；

P_i——在一个施工段上完成某施工过程所需的劳动量（工日数）或机械台班量（台班数）；

R_i——某施工过程的施工班组人数或机械台数；

b——每天工作班数；

Q_i——某施工过程在某施工段上的工程量；

S_i——某施工过程的每工日（或每台班）产量定额；

H_i——某施工过程采用的时间定额。

在确定流水节拍时，要考虑以下因素：

① 施工班组人数应符合该施工过程最少劳动组合人数的要求。

② 要考虑工作面大小的限制。每个工人的工作面要符合最小工作面的要求。否则，就不能发挥正常的施工效率或不利于安全生产。

③ 要考虑各种机械台班的效率（吊装次数）或机械台班产量的大小。

④ 要考虑各种材料、构件等施工现场堆放量、供应能力及其他有关条件的制约。

⑤ 要考虑施工及技术条件的要求，例如不能留置施工缝必须连续浇筑的钢筋混凝土工程，有时要按三班制工作的条件决定流水节拍，以确保工程质量。

流水节拍值一般取整数，必要时可保留 0.5 天（台班）的小数值。

2）流水步距。流水施工中，相邻两个施工班组先后进入同一施工段开始施工的间隔时间，称为流水步距，通常以 $K_{i,i+1}$ 表示（i 表示前一个施工过程，i+1 表示后一个施工过程）。

流水步距的大小对工期有着较大的影响。一般说来，在施工段不变的条件下，流水步距越大，工期越长；流水步距越小，则工期越短。流水步距还与前后两个相邻施工过程流水节拍的大小、施工工艺、技术要求、是否有技术和组织间歇时间、施工段数目、流水施工的组织方式等有关。

4．流水施工基本方式

建筑工程的流水施工，要求有一定的节拍，才能步调和谐，配合得当。流水施工的节奏是由流水节拍所决定的。由于建筑工程的多样性，各分部分项的工程量差异较大，要使所有的流水施工都组织成统一的流水节拍是很困难的。在大多数情况下，各施工过程的流水节拍不相等，甚至一个施工过程本身在各施工段上的流水节拍也不相等。因此形成了不同节奏特征的流水施工。

（1）有节奏流水。有节奏流水是指同一施工过程在各施工段上的流水节拍都相等的一种流水施工方式。根据不同施工过程之间的流水节拍是否相等，有节奏流水又可分为等节奏流水和异节奏流水。

等节奏流水是指同一施工过程在各施工段上的流水节拍都相等，并且不同施工过程之间的流水节拍也相等的一种流水施工方式。即各施工过程的流水节拍等于常数，故也称全等节

拍流水。

异节奏流水是指同一施工过程在各施工段上的流水节拍都相等，不同施工过程之间的流水节拍不完全相等的一种流水施工方式。

（2）无节奏流水。无节奏流水是指同一施工过程在各施工段上的流水节拍不完全相等的一种流水施工方式。

在实际工作中，有节奏流水，尤其是等节奏流水往往是难以组织的，而无节奏流水则是常见的。无节奏流水只要保证各施工过程的工艺顺序合理就可以。

5.2.4 横道图

横道图是一种表示施工进度的表现方法，其以表格的形式表达。表格由左右两部分组成。左边部分反映拟建工程所划分的施工项目、工程量、定额、劳动量或台班量、工作班制、施工人数及工作持续时间等计算内容，右边部分则用水平线段反映各施工项目的搭接关系和施工进度，其中的格子根据需要可以是一格表示一天或若干天。横道图示例见表5-2。

表5-2 单位工程施工进度计划

序号	施工项目	工程量		定额	劳动量		需要的机械		每天工作班	每班工人数	工作天	施工进度/天									
												月					月				
		单位	数量		工种	工日数	机械名称	台班数				5	10	15	20	25	30	35	40	45	50

左边部分计算完毕后，即可编制施工进度计划的初步方案。一般的编制方法有以下两种：

1．根据施工经验直接安排的方法

这是根据经验资料及有关计算，直接在进度表上画出进度线的方法。这种方法比较简单实用。但施工项目多时，不一定能达到最优计划方案。其一般步骤是：先安排主导分部工程的施工进度，然后再将其余分部工程尽可能配合主导分部工程，最大限度地合理搭接起来，使其相互联系，形成施工进度计划的初步方案。

在主导分部工程中，应先安排主导施工项目的施工进度，力求其施工班组能连续施工，而其余施工项目尽可能与它配合、搭接或平行施工。

2．按工艺组合组织流水施工的方法

这种方法是将某些在工艺上有关系的施工过程归并为一个工艺组合，组织各工艺组合内部的流水施工，然后将各工艺组合最大限度地搭接起来，组织分别流水。

5.2.5 网络图

1. 双代号网络图

用一个箭线表示一个施工过程，施工过程名称写在箭线上面，施工持续时间写在箭线下面，箭尾表示施工过程开始，箭头表示施工过程结束。在箭线的两端分别画一个圆圈作为节点，并在节点内进行编号，用箭尾节点号码 i 和箭头节点号码 j 作为这个施工过程的代号，如图 5-1 所示。由于各施工过程均用两个代号表示，所以叫做双代号网络图。用这种表示方法把一项施工计划中的所有施工过程，按先后顺序及其相互之间的逻辑关系，从左到右绘制成的网状图形，就叫做双代号网络图。用这种网络图表示的计划叫做双代号网络计划。

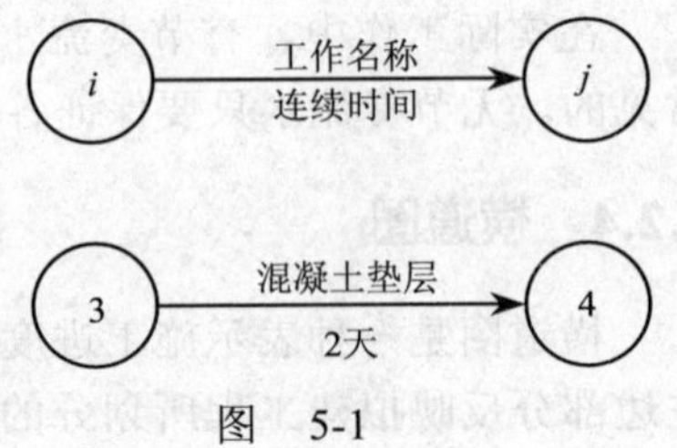

图 5-1

双代号网络图由箭线、节点和线路三个要素所组成。现将其含义和特性叙述如下：

（1）箭线

1）一个箭线表示一个施工过程（或一项工作）。箭线表示的施工过程可大可小。在总体（或控制性）网络计划中，箭线可表示一个单位工程或一个工程项目；在单位工程网络计划中，一个箭线可表示一个分部工程（如基础工程、主体工程、装修工程等）；在实施性网络计划中，一个箭线可表示一个分项工程（如挖土、垫层、浇筑混凝土等）。

2）每个施工过程的完成都要消耗一定的时间及资源。只消耗时间不消耗资源，如混凝土养护、砂浆找平层干燥等技术间歇，单独考虑时，也应作为一个施工过程来对待。各施工过程均用实箭线来表示。

3）在双代号网络图中，为了正确表达施工过程的逻辑关系，有时必须使用一种虚箭线。虚箭线是既不消耗时间，也不消耗资源的一个虚拟的施工过程（称虚工作），一般不标注名称，持续时间为零。它在双代号网络图中起到对施工过程之间逻辑连接或逻辑断路的作用。

4）箭线的长短不表示持续时间的长短（时标网络图除外）。箭线的方向表示施工过程的施工方向，应保持自左向右的总方向。为使图形整齐，表示施工过程的箭线宜画成水平箭线或由水平线段和竖直线段组成的折线箭线。虚工作可画成水平的或竖直的虚箭线，也可画成折线形虚箭线。

5）在网络图中，凡是紧接于某施工过程箭线箭尾端的各过程，叫做该施工过程的紧前施工过程；紧接于某施工过程箭头端的各过程，叫做该施工过程的紧后施工过程。紧前施工过程和紧后施工过程是相对的，例如某施工过程对这个施工过程是紧前施工过程，对另一个施工过程则是紧后施工过程。

（2）节点。在双代号网络图中，用圆圈表示的各箭线之间的连接点，称为节点。节点表示前面施工过程结束和后面施工过程的开始。

1）节点的分类。网络图的节点有起点节点、终点节点、中间节点。网络图的第一个节点为起点节点，它表示一项计划（或一个项目）的开始。网络图的最后一个节点称为终点节点，它表示一项计划（或一个项目）的结束。其余节点都称为中间节点。任何一个中间节点既是

其紧前各施工过程的结束节点，又是其紧后各施工过程的开始节点。

2）节点的编号。网络图中的每一个节点都要编号。编号的顺序是：从起点节点开始，依次向终点节点进行。编号的原则是：每一个箭线的箭尾节点代号 i 必须小于箭头节点代号 j（即 $i<j$）；所有节点的代号不能重复出现，但可以间断不连续，例如：1-10，20-50。

（3）线路。从网络图的起点节点沿着箭线方向顺序，通过一系列箭线与节点到达终点节点的通路，称为线路。网络图中的线路可依次用该线路上的节点代号来记述。网络图可有多条线路，每条不同的线路所需的时间之和往往各不相等，其中时间之和最大者称为关键线路，其余的线路为非关键线路。位于关键线路上的施工过程称为关键施工过程，这些施工过程的持续时间长短直接影响整个施工计划完成的时间。关键施工过程在网络图中通常用粗箭线、双箭线或彩色箭线表示。有时，在一个网络图中也可能出现几条关键线路，即这几条关键线路的施工持续时间相等，关键线路越多表明绘制的网络图越充分发挥了材料、人员、机械等的效率。

2．网络图绘制

网络图的绘制是网络计划方法应用的关键。要正确绘制网络图，必须正确反映逻辑关系，遵守绘制网络图的基本规则。

（1）逻辑关系。逻辑关系是指网络计划中所表示的各个施工过程之间的先后顺序关系。这种顺序关系可划分为两大类：一类是施工工艺关系，称为工艺逻辑；另一类是施工组织关系，称为组织逻辑。

工艺逻辑是由施工工艺所决定的各个施工过程之间内在的客观上存在的先后顺序关系。对于一个具体的分部工程来说，当确定了施工方法以后，则该分部工程的各个施工过程的先后顺序一般是固定的，绝大部分的施工过程是绝对不能颠倒的。

组织逻辑是施工组织安排中，考虑劳动力、机具、材料或工期等因素的影响，在各个施工过程之间，主观上安排的先后施工顺序关系。这种关系不受施工工艺的限制，不是工程性质本身决定的，而是在保证施工质量、安全和工期等前提下，人为安排的先后施工顺序关系。

（2）绘图规则

1）在一个网络图中，只允许有一个起点节点和一个终点节点，如图 5-2 所示。

2）在网络图中，不允许出现循环回路，即不允许从一个节点出发，沿箭线方向再返回到原来的节点，如图 5-3 所示。

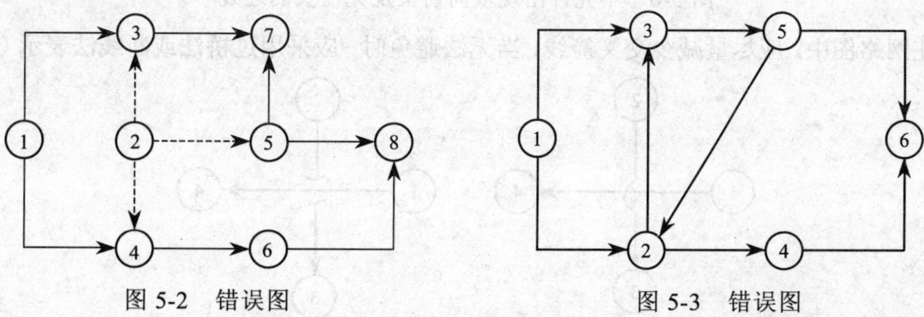

图 5-2　错误图　　图 5-3　错误图

3）在一个网络图中，不允许出现同样编号的节点或箭线，如图 5-4 所示。

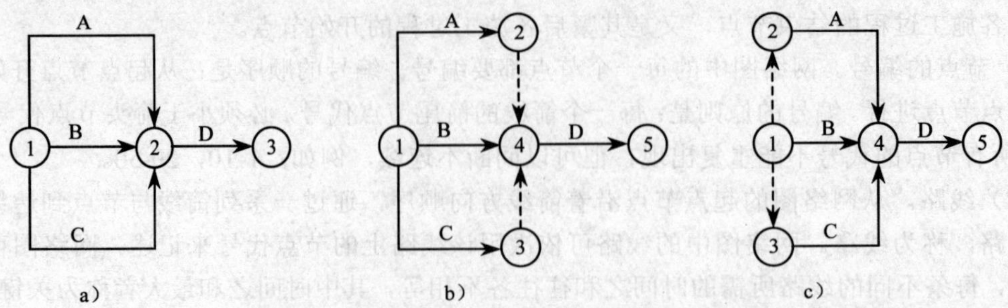

图 5-4 不允许出现相同的编号的节点或箭线

a）错误 b）正确 c）正确

4）在一个网络图中，一个代号只代表一项施工过程（图 5-5）。

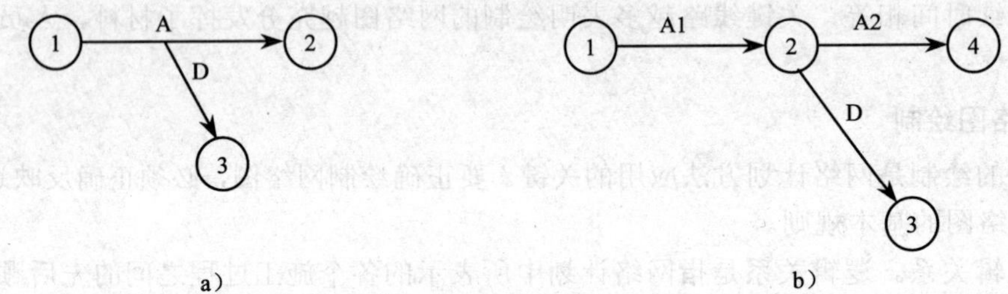

图 5-5

a）错误 b）正确

5）在网络图中，不允许出现无指向箭头或有双向箭头的连线（图 5-6）。

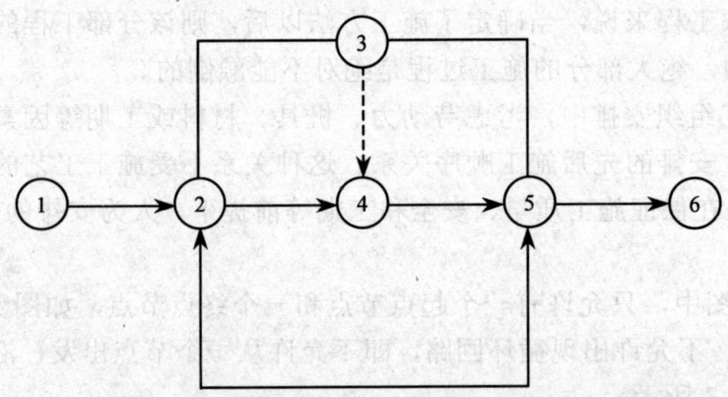

图 5-6 不允许出现双向箭头及无箭头的连线

6）在网络图中，应尽量减少交叉箭线，当无法避免时，应采用过桥法或断线法表示（图 5-7）。

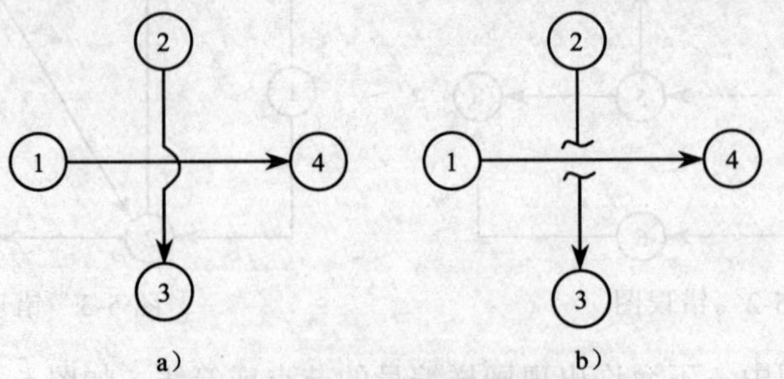

图 5-7 箭杆按交叉的处理方法

a）过桥法 b）断线法

7）在网络图中，不允许出现没有箭尾节点的箭线和没有箭头节点的箭线。

8）网络图必须按已定的逻辑关系绘制。

（3）绘制步骤

1）绘草图。绘出一张符合逻辑关系的网络图草图，其步骤是：首先画出从起点节点出发的所有箭线；接着从左至右依次绘出紧接其后的箭线，直至终点节点；最后检查网络图中各施工过程的逻辑关系。

2）整理网络图。按照网络图的绘制规则绘制，绘制的网络图必须条理清楚、层次分明、逻辑正确、图案漂亮。

子单元3 施工项目进度管理计划的实施

5.3.1 施工进度计划的实施

施工项目进度计划的实施，要做好三项工作：编制计划书即编制年、月、季、旬、周进度计划和施工任务书，通过班组实施；记录现场实际情况；调整管理进度计划。

1．编制月、季、旬、周作业计划和施工任务书

施工组织设计中编制的施工进度计划，是按整个项目（或单位工程）编制的，也带有一定的控制性，但还不能满足施工作业的要求。实际作业时是按季、月、旬、周作业计划和施工任务书执行的。

施工作业计划除依据施工进度计划编制外，还应依据现场情况及季、月、旬、周的具体要求编制。计划以贯彻施工进度计划为主线、明确当期任务及满足施工作业要求为前提。

施工任务书是一份计划文件，也是一份核算文件，又是原始记录。它把施工作业计划下达到班组，并将计划执行与技术管理、质量管理、成本核算、原始记录、资源管理等融合为一体。

施工任务书一般由工长根据计划要求、工程数量、定额标准、工艺标准、技术要求、质量标准、节约措施、安全措施等为依据进行编制。

任务书由工长向班组下达，由工长向班组进行交底。交底内容为：交代任务、交代操作规程、交代施工方法、交代质量标准、交代安全措施、交代定额标准、交代节约措施、交代材料的使用、交代施工计划、交代奖罚的要求等。做到任务明确，报酬预知，责任到人。

施工班组接到任务书后，应做好分工，安排如何完成任务。执行中要保质量，保进度，保安全，保节约，保工效提高。任务完成后，班组自检，在确认已经完成后，向工长报请验收。工长验收时查数量、查质量、查安全、查用工、查节约。然后回收任务书，交作业队登记结算。

2．做好施工记录、掌握现场施工实际情况

在施工中，如实记录每项工作的开始时间、工作进程情况和工作完成时间，记录每日完成的工程数量，施工现场发生的情况，干扰因素的排除情况。可为计划实施的检查、分析、调整、总结提供原始资料。

3．落实跟踪管理进度计划

检查作业计划执行中出现的问题，找出原因，并采取措施解决；督促供应单位按进度要求供应生产资料；控制施工现场临时设施的使用；按计划进行作业条件准备；传达决策人员的决策意图等。

5.3.2 施工进度计划的检查

1．检查方法

施工进度的检查与进度计划的执行是融合在一起的。计划检查是对计划执行情况的总结，是施工进度调整和分析的依据。

进度计划的检查方法主要是对比法，即实际进度与计划进度对比，发现偏差，进行调整或修改计划。

（1）用横道计划检查：双线表示计划进度，在计划图上记录的单线表示实际进度。

（2）利用网络计划检查

1）记录实际作业时间。例如某项工作计划为 10 天，实际进度为 8 天。

2）记录工作的开始时间和结束时间。

3）标注已完成工作。可以在网络图上用特殊的符号、颜色记录其完成部分，例如阴影部分为已完成部分。

（3）利用“香蕉”曲线进行检查。“香蕉”曲线是根据计划绘制的累计完成数量与时间对应关系的轨迹。*A* 线是按最早时间绘制的计划曲线，*B* 线是按最迟时间绘制的计划曲线，*P* 线是实际进度记录线。由于一项工程开始、中间和结束时曲线的斜率不相同，总的呈“*S*”形，故称“*S*”形曲线。又由于 *A* 线与 *B* 线构成香蕉状，故有的称为“香蕉”曲线（如图 5-8）。

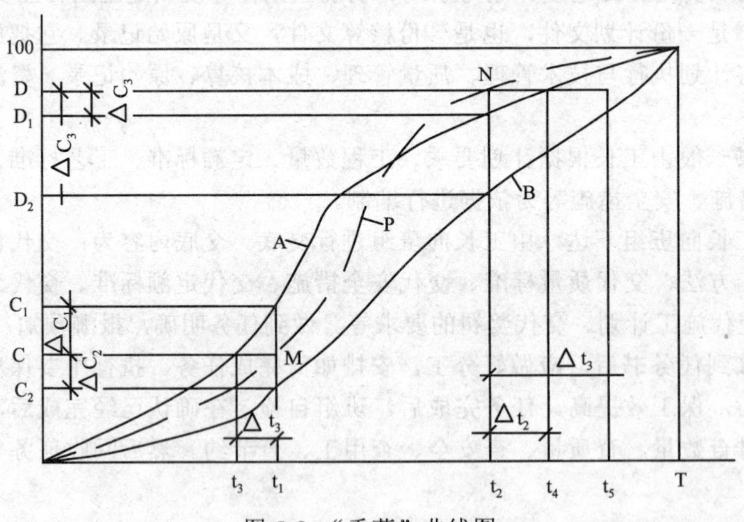

图 5-8 “香蕉”曲线图

检查方法是：当计划进行到时间 t_1 时，实际完成数量记录在 *M* 点。这个进度比最早时间计划曲线 *A* 的要求少完成$\triangle C_1=OC_1-OC$；比最迟时间计划曲线 *B* 的要求多完成$\triangle C_2=OC-OC_2$；由于它的进度比最迟时间要求提前，故不会影响总工期，只要控制得好，有可能提前$\triangle t_1=Ot_1-Ot_3$完成全部计划。同理可分析 t_2 时间的进度状况。

2．检查内容

根据不同需要可进行日、月、旬检查或定期检查，检查的内容包括：

1）检查期内实际完成和累计完成工程量。

2）实际参加施工的人力、机械数量与计划数量。

3）窝工人数、窝工机械台班数及其产生的原因分析。

4）实际进度与计划进度的进度偏差情况。

5）进度管理情况。

6）影响进度的原因及分析。

3．检查报告

通过进度计划检查，项目经理部向企业提供月度施工进度计划执行情况检查报告，其内容包括：

1）施工进度执行情况综合描述。

2）实际施工进度图。

3）工程变更对进度的影响情况。

4）施工进度偏差的状况与导致偏差的原因分析。

5）解决施工进度偏差问题的措施。

6）施工进度计划的调整意见。

5.3.3　施工进度计划的调整

1．施工进度的调整内容

施工进度计划的调整，以施工进度计划检查结果为依据进行，调整的内容包括：施工内容、工程量、施工的起止时间、施工的持续时间、工作关系、资源供应。

（1）调整内容。调整上述六项中的一项或多项，还可以将几项结合起来调整，例如将工期与资源、工期与成本、工期、资源及成本结合起来调整，只要能达到预期目标，调整越少越好。

（2）关键线路长度的调整方法。当关键线路的实际进度比计划进度提前时，首先要确定是否对原计划工期进行缩短。如果不缩短，可以利用这个机会降低投入的资源强度或费用，方法是选择后续关键工作中资源占用量大的或直接费用高的予以适当延长，延长的长度不应超过已完成的关键工作提前的时间量。当关键线路的实际进度比计划进度落后时，计划调整的任务是采取措施压缩关键施工过程的延续时间，增加人力物力把失去的时间抢回来。

（3）非关键工作时差的调整。时差调整的目的是更充分地利用资源，降低成本，满足施工需要，时差调整幅度不得大于计划总时差值。

（4）增减工作项目。增减工作项目均不得打乱原网络计划总的逻辑关系。由于增减工作项目，只能改变局部的逻辑关系，此局部改变不影响总的逻辑关系。增加工作项目，只是对原遗漏或不具体的逻辑关系进行补充；减少工作项目，只是对提前完成了的工作项目或原不应该设置而设置了的工作项目予以删除。只有这样才是真正调整而不是“重编”。增减工作项目之后，重新计算各个时间参数。

（5）逻辑关系调整。施工方法或组织方法改变之后，逻辑关系也相应地按照新的施工方法或组织方法进行调整。

（6）持续时间的调整。原计划有错误或实现条件不充分时，方可调整。调整的方法是更新估算。

（7）资源调整。资源调整应在资源供应发生异常时进行。所谓异常，即因供应满足不了需要（中断或强度降低），影响了施工进度计划，工期难以实现，才可以调整资源。如正常无须调整。

2．施工进度计划的调整

（1）施工进度计划的调整应及时有效。

（2）使用网络计划进行调整，应充分利用关键线路，充分利用网络计划的时差进行调整。

（3）调整后编制的施工进度计划要及时下达。调整后的进度计划要及时向班组及有关人员下达，防止继续执行原进度计划。

子单元 4　施工项目进度管理计划的总结

施工进度计划完成后，项目经理部要及时对施工进度管理进行总结。

5.4.1　施工进度管理计划总结的依据

（1）施工进度计划。

（2）施工进度计划执行的实际记录。

（3）施工进度计划检查结果。

（4）施工进度计划的调整资料。

5.4.2　施工进度管理计划总结的内容

施工进度管理计划总结的内容包括：合同工期目标及计划工期目标完成情况、施工进度管理中的经验教训、施工进度管理中存在的问题及分析结果、科学的施工进度计划方法的应用情况、施工进度管理的改进意见。

1．合同工期目标完成情况

合同工期节约值=合同工期−实际工期

指令工期节约值=指令工期−实际工期

定额工期节约值=定额工期−实际工期

$$计划工期提前率\frac{（计划工期-实际工期）}{计划工期}\times 100\%$$

缩短工期的经济效益=缩短一天产生的经济效益×缩短工期天数

分析缩短工期的原因，大致有以下几种：计划周密情况、执行情况、管理情况、协调情况、劳动效率。

2．资源利用情况

单方用工=总用工数/建筑面积

劳动力不均衡系数=最高日用工数/平均日用工数

节约工日数=计划用工工日−实际用工工日

主要材料节约量=计划材料用量−实际材料用量

主要机械台班节约量=计划主要机械台班数−实际主要机械台班数

$$主要大型机械节约率=\frac{各种大型机械计划费之和-实际费之和}{各种大型机械计划费之和}\times 100\%$$

资源节约大致原因有以下几种：计划积极可靠、资源优化效果好、按计划保证供应、认真制定并实施了节约措施、协调及时。

3．成本情况

降低成本额=计划成本−实际成本

$$降低成本率=\frac{降低成本额}{计划成本额}\times 100\%$$

节约成本的主要原因大致如下：计划积极可靠、成本优化效果好、认真制定并执行了节约成本措施、工期缩短、成本核算及成本分析工作效果好。

4．施工进度管理经验

经验是指对成绩及其取得的原因进行分析，为以后进度管理提供借鉴的本质的、规律性的东西。分析进度管理的经验可以从以下几方面进行：

1）编制什么样的进度计划才能取得较大效益。

2）怎样优化计划更有实际意义。包括优化方法、目标、计算、电子计算机应用等。

3）怎样实施、调整与管理计划。包括记录检查、调整、修改、节约、统计等措施。

4）进度管理工作的创新。

5．施工进度管理中存在的问题及分析

施工进度管理目标没有实现或在计划执行中存在缺陷，应对存在的问题进行分析。分析时可以定量计算，也可以定性地分析。对产生问题的原因也要从编制和执行计划中去分析，问题要找清，原因要查明，不能解释不清，严禁把遗留的问题留到下一管理循环中解决。

施工进度管理中一般存在以下问题：工期拖后、资源浪费、成本浪费、计划变化大等。施工进度管理中出现上述问题的原因一般有：计划本身的原因、资源供应和使用中的原因、协调方面的原因、环境方面的原因。

6．施工进度管理的改进意见

对施工进度管理中存在的问题进行总结，提出改进方法或意见，在以后的工程中加以应用，避免以后工作中重复出现相同的错误。

单元小结

施工的进度计划是指必须在合同规定的期限内把建筑工程交付给业主。因此，项目管理者应以合同约定的竣工日期，作为指导控制行动的指南。施工顺序和施工方法直接影响到施工进度。流水施工是组织施工的一种方法，它能充分地利用工作面，争取时间，加速工程的施工进度，从而有利于缩短施工工期。施工进度计划在实施的过程中由于其他原因出现了偏差，脱离了原来的目标，为了实现目标就必须对进度计划进行调整。横道图和网络图是施工进度计划的两种表现形式，是学习的重点。

思考与拓展

1．如何编制出一个好的施工进度计划？
2．网络图是谁发明总结出来的？哪些单位参加？
3．进度计划的调整中，人员怎样才能保证连续均衡不出现大起大落？

训练题

1．施工进度按编制对象分为（　　）。
A．施工进度总管理计划　　B．单位工程施工进度管理计划
C．分部工程施工进度总管理计划　　D．分项工程施工进度总管理计划

2．施工项目工作持续时间的计算方法一般有（　　）。
A．经验估计法　　B．定额计算法　　C．倒排计划法　　D．网络图

3．经验估计法包含（　　）。
A．最悲观时间　　B．最可能时间　　C．最乐观时间　　D．最不可能时间

4．流水施工的主要参数有（　　）。
A．工艺参数　　B．空间参数　　C．时间参数　　D．流水步距

5．时间参数包含（　　）。
A．流水节拍　　B．流水步距　　C．施工段　　D．施工过程

6．流水施工基本方式有（　　）。
A．有节奏流水　　B．等节奏流水　　C．异节奏流水　　D．无节奏流水

7．双代号网络图由（　　）等要素所组成。
A．箭线　　B．节点　　C．线路　　D．数字

单元 6 建筑工程项目成本管理

学习目标：

1. 掌握施工成本的概念。
2. 了解成本预测、成本运行、成本核算、成本的考核。
3. 会在成本管理中核算成本。

重点难点：

本单元的重点是成本的基本概念、成本管理的原则。施工项目成本是施工项目在施工中所发生的全部生产费用的总和，施工项目成本管理是建筑业企业项目管理系统中的一个子系统，这一系统的具体工作内容包括成本预测、成本决策、成本计划、成本控制、成本核算、成本检查和成本分析等。施工项目经理部在项目施工过程中对所发生的各种成本信息，通过有组织、有系统地进行预测、计划、控制、核算和分析等工作，促使施工项目系统内各种要素按照一定的目标运行，使施工项目的实际成本能够管理在预定的计划成本范围内。成本管理的难点是成本预测、成本运行、成本核算。

子单元 1 施工项目成本管理概述

6.1.1 施工项目成本的概念

1. 施工项目成本

施工项目成本是指建筑业企业以施工项目作为成本核算对象的施工过程中所耗费的生产资料转移价值和劳动者的必要劳动所创造的价值的货币形式。也就是某施工项目在施工中所发生的全部生产费用的总和，包括所消耗的主、辅材料，构配件，周转材料的摊销费或租赁费，支付给生产工人的工资、奖金以及项目经理部（或分公司、工程处）一级组织和管理工程施工所发生的全部费用。施工项目成本不包括劳动者为社会所创造的价值，如税金和计划利润，也不应包括不构成项目价值的一切非生产性支出。明确这些，对研究施工项目成本的构成和进行施工项目成本管理是非常重要的。

施工项目成本是建筑业企业的产品成本，亦称工程成本，一般以项目的单位工程作为成本核算对象，通过各单位工程成本核算的综合来反映施工项目成本。

在施工项目管理中，最终是要使项目达到质量高、工期短、消耗低、安全好等目标，而成本是这四项目标经济效果的综合反映。因此，施工项目成本是施工项目管理的核心。

研究施工项目成本，既要看到施工生产中的耗费形成的成本，又要重视成本的补偿，这才是对施工项目成本的完整理解。施工项目成本是否准确客观，对企业财务成果和投资者的效益影响很大。成本多算，则利润少计，可分配利润就会减少；反之，成本少算，则利润多计，可分配的利润就会虚增而实亏。因此，要正确计算施工项目成本，就要进一步改革成本核算制度。

2．施工项目成本的形成

（1）按成本控制需要，从成本发生时间来划分，施工项目成本可分为承包成本、计划成本和实际成本。

① 承包成本（预算成本）。工程承包成本（预算成本）是反映企业竞争水平的成本。它根据施工图由全国统一的工程量计算规则计算出来的工程量，全国统一的建筑、安装工程基础定额和由各地区的市场劳务价格、材料价格信息及价差系数，并按有关取费的指导性费率进行计算。

全国统一的建筑、安装工程基础定额是为了适应市场竞争、增大企业的个别成本报价，按量价分离以及将工程实体消耗量和周转性材料、机具等施工手段相分离的原则来制定的，作为编制全国统一、专业统一和地区统一概算的依据，也可作为企业编制投标报价的参考。

市场劳务价格和材料价格信息及价差系数和施工机械台班费由各地区建筑工程造价管理部门按月（或按季度）发布，进行动态调整。

有关取费率由各地区、各部门按不同的工程类型、规模大小、技术难易、施工场地情况、工期长短、企业资质等级等条件分别制定具有上下限幅度的指导性费率。

承包成本是确定工程造价的基础，也是编制计划成本的依据和评价实际成本的依据。

② 计划成本。施工项目计划成本是指施工项目经理部根据计划期内的有关资料（如工程的具体条件和企业为实施该项目的各项技术组织措施），在实际成本发生前预先计算的成本。也就是建筑企业考虑降低成本措施后的成本计划数，反映了企业在计划期内应达到的成本水平。它对于加强企业和项目经理部的经济核算，建立和健全施工项目成本管理责任制，控制施工过程中生产费用，降低施工项目成本具有十分重要的作用。

③ 实际成本。实际成本是施工项目在报告期内实际发生的各项生产费用的总和。把实际成本与计划成本比较，可以显现成本的节约和超支情况，考核企业施工技术水平及技术组织措施的贯彻执行情况和企业的经营效果。实际成本与承包成本比较，可以反映工程盈亏情况。因此，计划成本和实际成本都是反映施工企业成本水平的，它受企业本身的生产技术、施工条件及生产经营管理水平所制约。

（2）按生产费用计入成本的方法来划分，施工项目成本可分为直接成本和间接成本两种形式。

① 直接成本。直接成本是指直接消耗于工程，并能直接计入工程对象的费用。

② 间接成本。间接成本是指非直接用于也无法直接计入工程对象，但为进行工程施工所必须发生的费用，通常是按照直接成本的比例来计算。

按上述分类方法，能正确反映工程成本的构成，考核各项生产费用的使用是否合理，便于找出降低成本的途径。

（3）按生产费用与工程量关系来划分，施工项目成本可分为固定成本和变动成本。

① 固定成本。固定成本是指在一定期限和一定的工程量范围内，其发生的成本额不受工

程量增减变动的影响而相对固定的成本。如折旧费、大修理费、管理人员工资、办公费、照明费等。这一成本是为了保持企业具有一定的生产经营条件而发生的。一般来说，对于企业的固定成本，每年基本相同，但是当工程量超过一定范围则需要增添机械设备和管理人员，此时固定成本将会发生变动。此外，所谓固定是指其总额而言，关于分配到每个项目单位工程量上的固定费用则是变动的。

② 变动成本。变动成本是指发生总额随着工程量的增减变动而成正比例变动的费用，如直接用于工程上的材料费、实行计划工资制的人工费用等。所谓变动，也是就其总额而言，对于单位分项工程上的变动费用往往是不变的。

将施工过程中发生的全部费用划分为固定成本和变动成本，对于成本管理和成本决策具有重要作用。由于固定成本是维持生产能力所必需的费用，要降低单位工程量的固定费用，只有从提高劳动生产率，增加企业总工程量数额并降低固定成本的绝对值入手。降低变动成本只能是从降低单位分项工程的消耗定额入手。

3．施工项目成本的构成

建筑业企业在工程项目施工中为提供劳务、作业等过程中所发生的各项费用支出，按照国家规定计入成本费用。按国家有关规定，施工企业工程成本由直接成本和间接成本组成。

直接成本是指施工过程中直接耗费的构成工程实体或有助于工程形成的各项支出，包括人工费、材料费、机械使用费和其他直接费。所谓其他直接费是指直接费以外施工过程中发生的其他费用。

间接成本是指企业的各项目经理部为施工准备、组织和管理施工生产所发生的全部施工间接费。施工项目间接成本应包括：现场管理人员的人工费（基本工资、工资性补贴、职工福利费）、资产使用费、工具用具使用费、保险费、检验试验费、工程保修费、工程排污费以及其他费用等。

6.1.2　施工项目成本管理的内容

施工项目成本管理是建筑业企业项目管理系统中的一个子系统，这一系统的具体工作内容包括：成本预测、成本决策、成本计划、成本控制、成本核算、成本检查和成本分析等。施工项目经理部在项目施工过程中对所发生的各种成本信息，通过有组织、有系统地进行预测、计划、控制、核算和分析等工作，促使施工项目系统内各种要素按照一定的目标运行，使施工项目的实际成本能够控制在预定的计划成本范围内。

1．施工项目的成本预测

施工项目的成本预测是通过成本信息和施工项目的具体情况，并运用一定的专门方法，对未来的成本水平及其可能发展趋势作出科学的估计，其实质就是在施工以前对成本进行预测及核算。通过成本预测，可以使项目经理部在满足建设单位和企业要求的前提下，选择成本低、效益好的最佳成本方案，并能够在施工项目成本形成过程中，针对薄弱环节，加强成本控制，克服盲目性，提高预见性。因此，施工项目的成本预测是施工项目成本决策与计划的依据。

2．施工项目的成本计划

施工项目的成本计划是项目经理部对项目施工成本进行计划管理的工具。它是以货币形式编制施工项目在计划期内的生产费用、成本水平、成本降低率以及为降低成本所采取的主要措施和规划的书面方案，它是建立施工项目成本管理责任制、开展成本控制和核算的基础。一般来说，一个施工项目的成本计划应包括从开工到竣工所必需的施工成本，它是该施工项目降低成本的指导文件，是设立目标成本的依据。

3．施工项目的成本管理

施工项目的成本管理是指在施工过程中，对影响施工项目成本的各种因素加强管理，并采取各种有效措施，将施工中实际发生的各种消耗和支出严格控制在成本计划范围内，随时提示并及时反馈，严格审查各项费用是否符合标准，计算实际成本和计划成本之间的差异并进行分析，消除施工中的损失浪费现象，发现和总结先进经验。通过成本管理，使之最终实现甚至超过预期的成本节约目标。

施工项目的成本管理应贯穿在施工项目从招投标阶段开始直到项目竣工验收的全过程，它是企业全面成本管理的重要环节。

4．施工项目的成本核算

施工项目的成本核算是指项目施工过程中所发生的各种费用和形成施工项目成本的核算。施工项目的成本核算所提供的各种成本信息，是成本预测、成本计划、成本控制、成本分析和成本考核等各个环节的依据。因此，加强施工项目成本核算工作，对降低施工项目成本、提高企业的经济效益有积极的作用。

5．施工项目的成本分析

施工项目的成本分析是在成本形成过程中，对施工项目成本进行的对比评价和剖析总结工作，它贯穿于施工项目成本管理的全过程，也就是说施工项目成本分析主要利用施工项目的成本核算资料，与目标成本、预算成本以及类似的施工项目的实际成本等进行比较，了解成本的变动情况，同时也要分析主要技术经济指标对成本的影响。

6．施工项目的成本考核

所谓成本考核，就是施工项目完成后，对施工项目成本形成中的各责任者，按施工项目成本目标责任制的有关规定，将成本的实际指标与计划、定额、预算进行对比和考核，评定施工项目成本计划的完成情况和各责任者的业绩，并以此给以相应的奖励和处罚。

6.1.3 施工项目成本管理的原则

1．成本最低原则

施工项目成本管理的根本目的，在于通过成本管理的各种手段，促进不断降低施工项目成本，以期能实现最低的目标成本的要求。但是，在实行成本最低化原则时，应注意研究降低成本的可能性和合理的成本最低化。一方面挖掘各种降低成本的潜力，使可能性变为现实；另一方面要从实际出发，制定通过主观努力可能达到合理的最低成本水平。

2．全面成本管理原则

在施工项目成本管理中，普遍存在“三重三轻”问题，即重实际成本的计算和分析，轻全过程的成本管理和对其影响因素的管理；重施工成本的计算分析，轻采购成本、工艺成本和质量成本；重财会人员的管理，轻群众性日常管理。因此，为了确保不断降低施工项目成

本，达到成本最低化的目的，必须实行全面成本管理。

全面成本管理是全企业、全员和全过程的管理，亦称“三全”管理。

3．成本责任制原则

为了实行全面成本管理，必须对施工项目成本进行层层分解，以分级、分工、分人的成本责任制为保证。施工项目经理部应对企业下达的成本指标负责，班组和个人对项目经理部的成本目标负责，以做到层层保证，定期考核评定。成本责任制的关键是划清责任，并要与奖惩制度挂钩，使各部门、各班组和个人都来关心施工项目成本。

4．成本管理有效化原则

所谓成本管理有效化，主要有两层意思。一是促使施工项目经理部以最少的投入，获得最大的产出；二是以最少的人力和财力，完成较多的管理工作，提高工作效率。

5．成本管理科学化原则

成本管理是企业管理学中一个重要内容，企业管理要实行科学化，必须把有关自然科学和社会科学中的理论、技术和方法运用于成本管理。在施工项目成本管理中，可以运用预测与决策方法、目标管理方法、量本利分析方法和价值方法等。

子单元2　施工项目成本计划

6.2.1　施工项目成本计划的作用

施工项目成本计划是以货币形式预先规定施工项目进行中的施工生产耗费的目标总水平，通过施工过程中实际成本的发生与其对比，可以确定目标的完成情况，并且按成本管理层次、有关成本项目以及项目进展的各个阶段对目标成本加以分解，以便于各级成本方案的实施。

施工项目成本计划是施工项目管理的一个重要环节，是施工项目实际成本支出的指导性文件。

1．对生产耗费进行控制、分析和考核的重要依据

成本计划既体现了社会主义市场经济体制下对成本核算单位降低成本的客观要求，也反映了核算单位降低成本的目标。成本计划可作为生产耗费进行事前预计、事中检查控制和事后考核评价的重要依据。许多施工单位仅单纯重视项目成本管理的事中控制及事后考核，却忽视甚至省略了至关重要的事前计划，使得成本管理从一开始就缺乏目标，无法考核控制、对比，产生很大盲目性。施工项目目标成本一经确定，就要层层落实到部门、班组，并应经常将实际生产耗费与成本计划进行对比分析，揭露执行过程中存在的问题，及时采取措施，改进和完善成本管理工作，以保证施工项目的目标成本指标得以实现。

2．成本计划与其他各方面的计划有着密切的联系，是编制其他有关生产经营计划的基础

每一个施工项目都有着自己的项目目标，这是一个完整的体系。在这个体系中，成本计划与其他各方面的计划有着密切的联系。它们既相互独立，又起着相互依存和相互制约的作用。如编制项目流动资金计划、企业利润计划等都需要目标成本编制的资料，同时，成本计划是综合平衡项目的生产经营的重要保证。

3．可以动员全体职工深入开展增产节约、降低产品成本的活动

为了保证成本计划的实现，企业必须加强成本管理责任制，把目标成本的各项指标进行分解，落实到各部门、班组乃至个人，实行归口管理并做到责、权、利相结合，增产节约、降低产品成本。

6.2.2 施工项目成本计划的预测

1．施工投标阶段的成本估算

投标报价是施工企业采取投标方式承揽施工项目时，以发包人招标文件中的合同条件、技术规范、设计图纸与工程量表、工程的性质和范围、价格条件说明和投标须知等为基础，结合调研和现场考察所得的情况，根据企业自己的定额、市场价格信息和有关规定，计算和确定承包该项工程的报价。

施工投标报价的基础是成本估算。企业首先应依据反映本企业技术水平和管理水平的企业定额，计算确定完成拟投标工程所需支出的全部生产费用，即估算该施工项目施工生产的直接成本和间接成本，包括人工费、材料费、机械使用费、现场管理费用等。

2．项目经理部的责任目标成本

在实施项目管理之前，首先由企业与项目经理协商，将合同预算的全部造价收入，分为现场施工费用（制造成本）和企业管理费用两部分。其中，以现场施工费用核定的总额，作为项目成本核算的界定范围和确定项目经理部责任成本目标的依据。

将正常情况下的制造成本确定为项目经理的可控成本，形成项目经理的责任目标成本。

由于按制造成本法计算出来的施工项目成本，实际上是项目的施工现场成本，反映了项目经理部的成本管理水平，这样，用制造成本法既便于对项目经理部成本管理责任的考核，也为项目经理部节约开支、降低消耗提供可靠的基础。

责任目标成本是企业对项目经理部提出的指令成本目标，是以施工图预算为依据，也是对项目经理进行施工项目管理规划、优化施工方案、制定降低成本的对策和管理措施提出的要求。

3．项目经理部的计划目标成本

项目经理部在接受企业法定代表人委托之后，应通过主持编制项目管理实施规划寻求降低成本的途径，组织编制施工预算，确定项目的计划目标成本。

施工预算是项目经理部根据企业下达的责任成本目标，在编制详细的施工项目管理规划中不断优化施工技术方案和合理配置生产要素的基础上，通过工料消耗分析和制定节约成本措施之后确定的计划成本，也称现场目标成本。一般情况下，施工预算总额控制在责任成本目标的范围内，并留有一定余地。在特殊情况下，若项目经理部经过反复挖潜，仍不能把施工预算总额控制在责任成本目标范围内时，则应与企业进一步协商修正责任成本目标或共同探索进一步降低成本的措施，以使施工预算建立在切实可行的基础上。

4．计划目标成本的分解与责任体系的建立

目标责任成本总的控制过程为：划分责任→确定成本费用的可控范围→编制责任预算→进行内部验工计价→责任成本核算→责任成本分析→成本考核（即信息反馈），如图 6-1 所示。

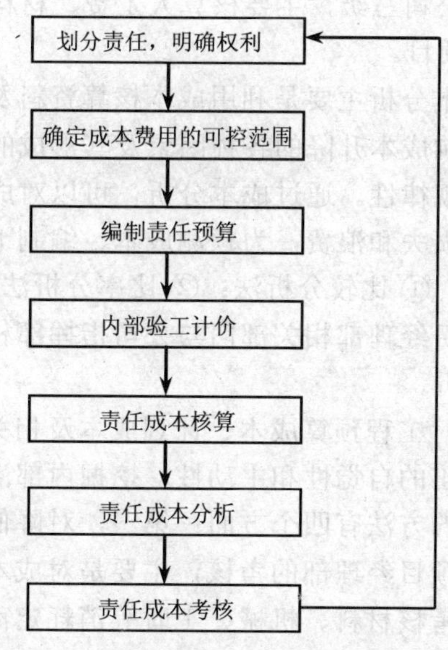

图 6-1　目标责任成本控制系统图

（1）确定责任成本单位，明确责、权、利和经济效益。施工企业的责任成本控制应以工人、班组的制造成本为基础，以项目经理部为基本责任主体。要根据职能简化、责任单一的原则，合理划分所要控制的成本范围，赋予项目经理部相应的责、权、利，实行责任成本一次包干。公司既是本级的责任中心，又是项目经理部责任成本的汇总部门和管理部门。形成三级责任中心，即班组责任中心、项目经理部责任中心、公司责任中心。这三级责任中心的核算范围为其该级所控制的各项工程的成本、费用及其差异。

（2）确定成本费用的可控范围。要按照责任单位的责权范围大小，确定可以衡量的责任目标和考核范围，形成各级责任成本中心。

班组主要控制制造成本，即工费、料费、机械费三项费用。

项目经理部主要控制责任成本，即工费、料费、机械费、其他直接费、间接费等五项费用。

公司主要控制目标责任成本，即工费、料费、机械费、公司管理费、公司其他间接费、公司不可控成本费用、上交公司费用等。

（3）编制责任成本预算。根据以上两条作为依据，编制责任成本预算。注意责任成本预算中既要有人工、材料、机械台班等数量指标，也要有按照人工、材料、机械台班等的固定价格计算的价值指标，以便于基层具体操作。

（4）内部验工计价。验工即为工程队当月的目标责任成本，计价即为项目经理部当月的制造成本。各项目经理部把当月验工资料以报表的形式上报，供公司审批；计价细分为大小临时工程计价、桥隧路工程计价（其中又分班组计价、民工计价）、大堆料计价、运杂费计价、机械队机械费计价、公司材料费计价。其中机械队机械费、公司材料费一般采取转账方式。细分计价方式比较有利于成本核算和实际成本费用的归集。

（5）责任成本核算。通过成本核算，可以反映施工耗费和计算工程实际成本，为企业管理提供信息。通过对各项支出的严格控制，力求以最少的施工耗费取得最大的施工成果，并以此计算所属施工单位的经济效益，为分析考核、预测和计划工程成本提供科学依据。核算体系分班组、项目经理部、公司三级，主要核算人工费、材料费、机械使用费、其他直接费和施工管理费五个责任成本项目。

（6）责任成本分析。成本分析主要是利用成本核算资料及其他相关资料，全面分析了解成本变动情况，系统研究影响成本升降的各种因素及其形成的原因，挖掘降低成本的潜力，正确认识和掌握成本变动的规律性。通过成本分析，可以对成本计划的执行过程进行有效的控制，及时发现和制止各种损失和浪费，为预测成本、编制下期成本计划和经营决策提供重要依据。分析的方法有四种：① 比较分析法；② 比率分析法；③ 因素分析法；④ 差额分析法。所采取的主要方式是项目经理部相关部门与公司指挥部相关部门每月共同审核分析，再据此进行季度、年度成本分析。

（7）成本考核。每月要对工程预算成本、计划成本及相关指标的完成情况进行考核、评比。其目的在于充分调动职工的自觉性和主动性，挖掘内部潜力，达到以最少的耗费，取得最大的经济效益。成本考核的方法有四个方面：第一，对降低成本任务的考核，主要是对成本降低率的考核；第二，对项目经理部的考核，主要是对成本计划的完成进行考核；第三，对班组成本的考核，主要是考核材料、机械、工时等消耗定额的完成情况；第四，对施工管理费的考核，公司与项目经理部分别考核。

子单元 3　施工项目成本的运行管理

在项目施工中，项目经理应根据目标成本控制计划，做好材料物资采购控制、用量等管理，现场设施、机械设备的管理，分包管理达到节约增收，对实际成本进行有效管理。索赔也是管理成本的有效方法，其详细知识已在本书单元 3 子单元 6 中讲述。

6.3.1　材料物资采购管理

1．材料采购供应

一般工程中，材料的价值约占工程造价的 70%，材料控制的重要性显而易见。材料供应分为业主供应和承包商采购。

（1）建设单位（业主）供料管理。建设单位供料的供应范围和供应方式应在工程承包合同中事先加以明确，由于设计变更原因，施工中大都会发生实物工程量和工程造价的增减变化，因此，项目的材料数量必须以最终的工程结算为依据进行调整，对于业主（甲方）未交足的材料，需按市场价列入工程结算，向业主收取。

（2）承包企业材料采购供应管理。工程所需材料除部分由建设单位（业主）供应，其余全部由承包企业（乙方）从市场采购，许多工程甚至全部材料都由施工企业采购。在选择材料供应商的时候，应坚持“质优、价低、运距近、信誉好”的原则，否则就会给工程质量、工程成本和正常施工带来无穷的后患。要结合材料进场入库的计量验收情况，对材料采购工作中各个环节进行检查和管理。

2．材料价格的管理

由于材料价格是由买价、运杂费、运输中的损耗等组成，因此材料价格主要应从以下三方面加以管理。

（1）买价管理。买价的变动主要是由市场因素引起的，但在内部管理方面还有许多工作可做。应事先对供应商进行考察，建立合格供应商名册。采购材料时，必须在合格供应商名册中选定供应商，实行货比三家，在保质保量的前提下，选择最低买价。同时实现项目监理、项目经理部对企业材料部门采购的物资有权过问与询价，对买价过高的物资，可以根据双方签订的合同处理。

（2）运费管理。就近购买材料，选用最经济的运输方式都可以降低材料成本。材料采购通常要求供应商在指定的地点按合同约定交货，若供应单位变更指定地点而引起费用增加，供应商应予支付。

（3）损耗管理。严格管理材料的损耗可节约成本，损耗可分为运输损耗、仓库管理损耗、现场损耗。

3．材料用量的管理

在保证符合设计要求的前提下，合理使用材料和节约材料，通过定额管理、计量管理以及施工质量管理等手段，有效控制材料物资的消耗。

（1）定额与指标管理。对于有消耗定额的材料，项目以消耗定额为依据，实行限额发料制度，施工项目各工长只能依据限额分期分批领用，如需超限领用材料，应办理有关手续后再领用。对于没有消耗定额的材料，按企业计划管理办法进行指导管理。

（2）计量管理。为准确核算项目实际材料成本，保证材料消耗准确，在采购和班组领料过程中，要严格计量，防止出现差错造成损失。

（3）以钱代物，包干控制。在材料使用过程中，可以考虑对不易管理且使用量小的零星材料（如铁钉、铁丝等）采用以钱代物、包干管理的方法。根据工程量算出所需材料数量并将其折算成现金，发给施工班组，一次包死。班组用料时，再向项目材料员购买，出现超支由班组自责，若有节约则归班组所得。

6.3.2　现场设施管理

施工现场临时设施费用是工程直接成本的组成部分之一。施工现场各类临时设施配置规模直接影响工程成本。

（1）现场生产及办公、生活临时设施和临时房屋的搭建数量、形式的确定，在满足施工基本需要的前提下，尽可能做到简洁适用，节约施工费用。

（2）材料堆场、仓库类型、面积的确定，尽可能在满足合理储备和施工需要的前提下合理配制。

（3）临时供水、供电管网的铺设长度及容量确定，要尽可能合理。

（4）施工临时道路的修筑，材料工器具放置场地的硬化等，在满足施工需要的前提下，数量尽可能最小，尽可能利用永久性道路路基，不足时再修筑施工临时道路。

6.3.3　施工机械的管理

合理使用施工机械设备对工程项目的顺利施工及其成本管理具有十分重要的意义，尤其是高层建筑施工。据统计，高层建筑地面以上部分的总费用中，垂直运输机械费用约占6%～10%。

正确地拟定施工方法和选择施工机械是合理地组织施工的关键。因为它直接影响着施工速度、工程质量、施工安全和工程的成本。因此在组织工程项目施工时，首先应予以解决。

各个施工过程可以采用多种不同的施工方法和多种不同类型的建筑机械进行施工，而每一种方法都有其优缺点，应从若干个可以实现的施工方案中，选择适合于本工程，较先进合理而又最经济的施工方案，以达到成本低、劳动效率高的目的。

施工方法的选择必然要涉及施工机械的选择。特别是现代工程项目中，机械化施工作为实现建筑工业化的重要因素，施工机械的选择，就成为施工方法选择的中心环节。

选择施工机械时，应首先选择主导工程的机械。结合工程特点和其他条件确定其最合适的类型，例如装配式单层工业厂房结构安装用起重机类型的选择：当工程量较大而又集中时，可以采用生产效率较高的塔式起重机；当工程量较小或工程量虽大却又相当分散时，可采用自行式起重机，选用的起重机型号应满足起重量、起重高度和起重半径的要求。

选择与主导机械配套的各种辅助机械或运输工具时，应使它们的生产能力互相协调一致，使主导机械的生产能力得到充分发挥。例如在土方工程中，若采用汽车运土，汽车容量一般是挖土机斗容量的整倍数，汽车数量应保证挖土机连续工作；又如在结构安装施工中，运输机械的数量及每次运输量，应保证起重机连续工作。

在一个建筑工地上，如果机械的类型很多，会使机械修理工作复杂化。为此，在工程量较大时，适宜专业化生产的情况下，应该采用专业机械；工程量小而分散的情况下，尽量采用多用途的机械，使一种机械能适应不同分部分项工程的需要。例如挖土机既可用于挖土，又可用于装卸、起重和打桩。这样既便于工地上的管理，又可以减少机械转移时的工时消耗。同时还应考虑充分发挥施工单位现有机械的能力，并争取实现综合配套。

所选机械设备必须技术上应是先进的，在经济上则是合理有效的，而且符合施工现场的实际情况。

6.3.4 分包价格的管理

现在专业分工越来越细，对工程质量的要求越来越高，对施工进度的要求越来越快。因此工程项目的某些分项就能分包给某些专业公司。分包工程价格的高低，对施工成本影响较大，项目经理部应充分做好分包工作。当然，由于总承包人对分包人选择不当而发生的施工失误的责任由总承包人承担，因此，要对分包人进行二次招标，总承包人对分包的企业进行全面认真的分析，综合判定选择分包企业，但分包应征得业主同意。

项目经理部确定施工方案的初期就需要对分包予以考虑，并定出分包的工程范围。决定这一范围的控制因素主要是考虑工程的专业性和项目规模。

子单元 4 施工项目成本核算

6.4.1 施工项目成本核算的对象

成本核算对象是指在计算工程成本中，确定归集和分配生产费用的具体对象，即生产费用承担的客体。

具体的成本核算对象主要应根据企业生产的特点加以确定，同时还应考虑成本管理上的要

求。由于建筑产品用途的多样性，带来了设计、施工的单件性。每一建筑安装工程都有其独特的形式、结构和质量标准，需要一套单独的设计图，在建造时需要采用不同的施工方法和施工组织；即使采用相同的标准设计，但由于建造地点的不同，在地形、地质、水文以及交通等方面也会有差异。施工企业这种单件性生产的特点，决定了施工企业成本核算对象的独特性。

有时一个施工项目包括几个单位工程，需要分别核算。单位工程是编制工程预算、制订施工项目工程成本计划和与建设单位结算工程价款的计算单位。施工项目成本一般应以每一独立编制施工图预算的单位工程为成本核算对象，但也可以按照承包工程项目的规模、工期、结构类型、施工组织和施工现场等情况，结合成本管理要求，灵活划分成本核算对象。一般来说有以下几种划分方法：

（1）一个单位工程由几个施工单位共同施工时，各施工单位都应以同一单位工程为成本核算对象，各自核算自行完成的部分。

（2）规模大、工期长的单位工程，可以将工程划分为若干部位，以分部位的工程作为成本核算对象。

（3）同一建设项目，由同一施工单位施工，并在同一施工地点，属同一结构类型，开竣工时间相近的若干单位工程，可以合并为一个成本核算对象。

（4）改建、扩建的零星工程，可以将开竣工时间相接近，属于同一建设项目的各个单位工程合并作为一个成本核算对象。

（5）土石方工程、打桩工程，可以根据实际情况和管理需要，以一个单项工程为成本核算对象，或将同一施工地点的若干个工程量较少的单项工程合并作为一个成本核算对象。

6.4.2　施工项目成本核算的任务

施工项目成本核算主要完成以下任务：

（1）执行国家有关成本核算范围、费用开支标准、工程预算定额和企业施工预算、成本计划的有关规定，控制费用，促使项目合理、节约人力、物力和财力。这是施工项目成本核算的先决前提和首要任务。

（2）正确及时地核算施工过程中发生的各项费用，计算施工项目的实际成本。这是项目成本核算的主体和中心任务。

（3）反映和监督施工项目成本计划的完成情况，为项目成本预测，为参与项目施工生产、技术和经营决策提供可靠的成本报告和有关资料，促进项目改善经营管理，降低成本，提高经济效益。这是施工项目成本核算的根本目的。

6.4.3　施工项目成本核算的基础

项目的直接管理部门（项目经理部）必须在项目施工的过程中做大量的基础工作，为项目建立必要的账表和管理台账，以记录项目施工过程实际发生的成本费用以及其他相关经济指标。没有这些记录的资料，项目成本的核算将无从入手。

1．施工项目成本会计的账表

（1）工程施工账。

① 工程项目施工——工程项目明细账。

② 单位工程施工——单位工程成本明细账。

（2）施工间接费账。

（3）其他直接费账。

（4）项目工程成本表。

（5）在建工程成本明细表。

（6）竣工工程成本明细表。

（7）施工间接费表。

2. 施工项目成本核算的管理会计式台账

管理会计式台账主要有以下辅助记录台账：

第一类，是为项目成本核算积累资料的台账，如产值构成台账、预算成本构成台账、增减账台账等。

第二类，是对项目资源消耗进行控制的台账，如人工耗用台账、材料耗用台账、结构构件耗用台账、周转材料使用台账、机械使用台账、临时设施台账等。

第三类，是为项目成本分析积累资料的台账，如技术组织措施执行情况台账、质量成本台账等。

第四类，是为项目管理服务和“备忘”性质的台账，如甲方供料台账、分包合同台账及其他必须设立的台账等。

6.4.4 施工项目成本核算过程

成本的核算过程，实际上也是各成本项目的归集和分配的过程。成本的归集是指通过一定的会计制度以有序的方式进行成本数据的收集和汇总；成本的分配是指将归集的间接成本分配给成本对象的过程，也称间接成本的分摊或分派。

1. 人工费核算

（1）内包人工费。这是指企业所属的劳务分公司与项目经理部签订的劳务合同结算的全部工程价款。按月结算，计入项目或单位工程成本。

（2）外包人工费。按项目经理部与劳务分包企业签订的包清工合同，以当月验收完成的工程实物量，计算出定额工日数乘以合同人工单价确定人工费，并按月凭项目经济员提供的“包清工工程款月度成本汇总表”预提计入项目或单位工程成本。

上述内包、外包合同履行完毕，根据分部分项工程的工期、质量、安全、场容等验收考核情况，进行合同结算，以结账单按实据以调整项目实际成本。对估点工任务单必须当月签发，当月结算，严格管理，按实计入成本，隔月不予结算，一律作废。

2. 材料费结算

（1）工程耗用的材料，根据限额领料单、退料单、报损报耗单、大堆材料耗用计算单等，由项目材料员按单位工程编制“材料耗用汇总表”，计入项目成本。

（2）各种材料价差，按规定计入项目成本。

3. 周转材料费核算

（1）周转材料实行内部租赁制，以租费的形式反映其消耗情况，按“谁租用谁负担”的原则，核算其项目成本。

（2）按周转材料租赁办法和租赁合同，由出租方与项目经理部按月结算租赁费。租赁费按租用的数量、时间和内部租赁单价计算计入项目成本。

（3）周转材料在调入、移出时，项目经理部都必须加强计量验收制度，如有短缺、损坏，一律按原价赔偿，计入项目成本（缺损数=进场数–退场数）。

（4）租用周转材料的进退场运费，按其实际发生数，由调入项目负担。

4．结构件费核算

（1）项目结构件的使用必须要有领发手续，并根据这些手续，按照单位工程使用对象编制“结构件耗用月报表”。

（2）项目结构构件的单价，以项目经理部与外加工单位签订的合同为准，计算耗用金额进入成本。

（3）根据实际施工形象进度、已完成施工产值的统计、各类实际成本消耗三者在月度时点上要三同步，结构构件耗用的品种和数量应与施工产值相对应。结构构件数量金额的结存数，应与项目成本员的账面余额相符。

（4）发生结构构件的一般价差，可计入当月项目成本。

（5）部位分项分包，按照企业通常采用的类似结构件管理和核算方法，项目经济员必须做好月度已完工程部分验收记录，正确计算报告部位分项分包产值，并书面通知项目成本员及时、正确、足额计入成本。

5．机械使用费核算

（1）机械设备实行内部租赁制，以租赁费形式反映其消耗情况，按“谁租用谁负担”的原则，核算其项目成本。

（2）按机械设备租赁办法和租赁合同，由企业内部机械设备租赁市场与项目经理部按月结算租赁费，计入项目成本。

（3）机械进出场费，按规定由承租项目负担。

（4）项目经理部租赁的各类大中小型机械，其租赁费全额计入项目机械费成本。

（5）根据内部机械设备租赁市场运行规则要求，结算原始凭证由项目指定专人签证开班和停班数，据此以结算费用。现场机、电等操作工奖金由项目考核支付，计入项目机械费成本并分配到有关单位工程。

上述机械租赁费结算，尤其是大型机械租费及进出场费应与产值对应，防止只有收入无支出等不正常现象，或反之，形成收入与支出不平衡的状况。

6．其他直接费核算

项目施工生产过程中实际发生的其他直接费，有时并不“直接”，凡能弄清受益对象的，应直接计入受益成本核算对象的工程施工——其他直接费。其他直接费包括以下内容：

（1）施工过程中的材料二次运费。

（2）临时设施摊销费。

（3）生产工具、用具使用费。

（4）除上述以外的其他直接费内容，均应按实际发生的有效结算凭证计入项目成本。

7．施工间接费核算

间接费包括以下内容：

（1）以项目经理部为单位编制工资单和奖金单，列支工作人员薪金。项目经理部工资总额每月必须正确核算，以此计提职工福利费、工会经费、教育经费、劳保统筹费等。

（2）劳务分公司所提供的炊事人员代办食堂承包、服务、警卫人员提供区域岗点承包服务以及其他代办服务费用计入施工间接费。

（3）内部银行的存贷款利息，计入“内部利息”（新增明细子目）。

（4）施工间接费，先在项目“施工间接费”总账归集，再按一定的分配标准计入受益核算对象（单位工程）“工程施工——间接成本”。

8．分包工程成本核算

（1）包清工工程，如前所述纳入“人工费——外包人工费”内核算。

（2）部位分项分包工程，如前所述纳入结构构件费内核算。

（3）外包工程

① 双包工程，是指将整幢建筑物以包工包料的形式分包给外单位施工的工程。可根据承包合同取费情况和发包（双包）合同支付情况，即上下合同差，测定目标盈利率。月度结算时，以双包工程已完工程价款作收入，应付双包单位工程款作支出，适当负担施工间接费。为稳妥起见，拟在管理目标盈利率的 50%以内，也可月结成本时作收支持平，竣工结算时，再按实调整实际成本，反映利润。

② 机械作业分包工程，是指利用分包单位专业化施工优势，将打桩、吊装、大型土方、深基础等施工项目分包专业单位施工的形式。对机械作业分包产值统计的范围是：只统计分包费用，而不包括物耗价值，即打桩只计打桩费而不计桩材费，吊装只计吊装费而不包括构件费。机械作业分包实际成本与此对应包括分包结账单内除工期奖之外的全部工程费用。总体反映其全貌成本。

同双包工程一样，总分包企业合同差，包括总包单位管理费、分包单位让利收益等在月结成本时，可先预结一部分，或月结时作收支持平处理，到竣工结算时，再作为项目效益反映。

上述双包工程和机械作业分包工程由于收入和支出比较容易辨认（计算），所以项目经理部也可以对这两项分包工程，采用竣工点结算的办法，即月度不结盈亏。

项目经理间应增设“分建成本”成本项目，核算反映双包工程、机械作业分包工程的成本状况。

分包形式（特别是双包），对分包单位领用、租用、借用本企业物资、工具、设备、人工等费用，必须根据项目经管人员开具的、且经分包单位指定专人签字认可的专用结算单据，如“分包单位领用物资结算单”及“分包单位租用工用具设备结算单”等结算依据入账，抵作已付分包工程款。同时要注意对分包奖金的控制，分包付款、供料控制，主要应依据合同及供料计划实施制约，单据应及时流转结算，账上支付额（包括抵作额）不得突破合同。要注意阶段控制，防止奖金失控，引起成本亏损。

6.4.5 施工项目成本核算报告

项目经理部应在跟踪核算分析的基础上，编制月度项目成本报告，按规定的时间报送企业成本主管部门，以满足企业的要求。

在工程施工期间，定期编制成本报表既能提醒注意当前急需解决的问题，又能掌握项目的施工总情况。

1．人工费周报表

人工费是项目经理部最能直接控制的成本，它不仅能控制工人的选用，而且能控制工人的工作量和工作时间，所以项目经理部必须经常掌握人工费用的详细情况。

人工费周报表反映了某一周内工程施工中每个分项工程的人工单位成本和总成本，以及与之对应的预算数据。若发现某些分项工程的实际人工费与预算存在差异，就可以进一步找出症结所在，从而采取措施来纠正存在的问题。

2．工程成本月报表

人工费周报表内只包括人工费用，而工程成本月报表内却包括工程的全部费用。工程成本月报表是针对每一个施工项目设立的，工程成本月报表有助于项目经理评价本工程中各个分项工程的成本支出情况，找出具体核算对象成本和超过的数额和原因，以便及时采取对策，防止偏差积累而导致成本目标失控。

3．工程成本分析报表

工程成本报表将施工项目的分部分项工程成本资料和结算资料汇于一表，也使得项目经理能够纵观全局，对工程成本现状一目了然。成本分析报表可以一月一编报，也可以一季编报一次。

子单元5　施工项目成本分析与核算

6.5.1　施工项目成本分析的内容

施工企业成本分析的内容就是对施工项目成本变动因素的分析。影响施工项目成本变动的因素有两个方面，一是外部的属于市场经济的因素，二是内部属于企业经营管理的因素。这两方面的因素在一定条件下，又是相互制约和相互促进的。项目经理应将施工项目成本分析的重点放在影响施工项目成本升降的内部因素上。影响施工项目成本升降的内部因素包括以下几个方面。

1．材料、能源利用

在其他条件不变的情况下，材料、能源消耗定额的高低，直接影响材料、能源成本的升降。材料、能源价格的变动，也直接影响产品成本的升降。可见，材料、能源利用其价格水平是影响产品成本升降的一项重要因素。

2．机械设备的利用

施工企业的机械设备有自有和租用两种。自有机械停用，仍要负担固定费用。租用不用，也要支付停班费。因此，在机械设备的使用过程中，必须以满足施工需要为前提，加强机械设备的平衡调度，充分发挥机械的效用；同时，还要加强平时的机械设备的维修保养工作，提高机械的完好率，保证机械的正常运转。

3．施工质量水平的高低

对施工企业来说，提高施工项目质量水平就可以降低施工中的故障成本，减少未达到质量标准而发生的一切损失费用，施工质量水平的高低也是影响施工项目成本的主要因素之一。

4．用工费用水平的合理性

在实行管理层和作业层两层分离的情况下，项目施工需要的用工和人工费，由项目经理部与施工队签订劳务承包合同，明确承包范围、承包金额和双方的权利、义务。人工费用合理性是指人工费既不过高，也不过低。如果人工费过高，就会增加施工项目的成本，而人工费过低，工人的积极性不高，施工项目的质量就有可能得不到保证。

5．其他影响施工项目成本变动的因素

其他影响施工项目成本变动的因素，包括除上述四项以外的其他直接费用以及为施工准备、组织施工和管理所需要的费用。

6.5.2 施工项目成本分析的方法

1．因果分析图法

因果分析图也叫特性因素图，因其形状像树枝，又称为树枝图，它是以成本偏差为主干用来寻找成本偏差原因的，是一种有效的定性分析法。因果分析图就是从某成本偏差这个结果出发，分析原因，步步深入，直到找出具体根源。首先是找出大的方面原因，然后进一步找出原因背后的原因，即中原因，再从中原因找出小原因或更小原因，并逐步查明并确定主要原因，通常对主要原因做出标记（*），以引起重视。

2．因素替换法

因素替换法可用来测算和检验有关影响因素对项目成本作用的大小，从而找到产生成本偏差的根源。因素替换法是一种常用的定量分析方法，其具体做法是：当一项成本受几个因素影响时，先假定一个因素变动，其他因素不变，计算出该因素的影响效应；然后再依次替换第二、第三个因素，从而确定每一个因素对成本的影响额。

3．差额计算法

差额计算法是因素替换法的一种简化形式，它是利用指数的各个因素的计划数与实际数的差额，按照一定的顺序，直接计算出各个因素变动时对计划指标完成的影响程度的一种方法。

4．比率法

比率法是指用两个以上的指标的比例进行分析的方法。它的基本特点是：先把对比分析的数值变成相对数，再观察其相互之间的关系。

（1）相关比率。由于项目经济活动的各个方面是互相联系、互相依存，又互相影响的，因而将两个性质不同而又相关的指标加以对比，求出比率，并以此来考察经营成果的好坏。

（2）构成比率，又称比重分析法或结构对比分析法。通过构成比率，可以考察成本总量的构成情况以及各成本项目占成本总量的比重，同时也可看出量、本、利的比例关系。

6.5.3　施工项目成本考核的内容

施工项目成本考核就是贯彻落实责权利，促进成本管理工作健康发展，更好地完成施工项目的成本目标。

如果对成本考核工作抓得不紧，或者不按正常的工作要求进行考核，前面的成本预测、成本控制、成本核算、成本分析都将得不到及时正确的评价。

施工项目的成本考核特别要强调施工过程中的中间考核。因为通过中间考核发现问题，还能“亡羊补牢”。而竣工后的成本考核，虽然也很重要，但对成本管理的不足和由此造成的损失已经无法弥补。

施工项目的成本考核可以分为两个层次：一是企业对项目经理的考核；二是项目经理对所属部门、施工队和班组的考核。

1．对项目经理考核的内容

（1）项目成本目标和阶段成本目标的完成情况。

（2）以项目经理为核心的成本管理责任制的落实情况。

（3）成本计划的编制和落实情况。

（4）对各部门、各作业队和班组责任成本的检查和考核情况。

（5）在成本管理中贯彻责权利相结合原则的执行情况。

2．项目经理对所属各部门、各作业队和班组考核的内容

（1）对各部门的考核内容

1）本部门、本岗位责任成本的完成情况。

2）本部门、本岗位成本管理责任的执行情况。

（2）对各作业队的考核内容

1）劳务合同规定的承包范围和承包内容的执行情况。

2）劳务合同以外的补充收费情况。

3）班组施工任务单的管理情况，以及班组完成施工任务后的考核情况。

（3）对生产班组的考核内容（平时由作业队考核）

6.5.4　施工项目成本考核

1．施工项目的成本考核采取评分制

具体方法为：先按考核内容评分，然后按七与三的比例加权平均，即责任成本完成情况的评分为七，成本管理工作业绩的评分为三。这是一个假设的比例，施工项目可以根据自己的具体情况进行调整。

2．施工项目的成本考核要与相关指标的完成情况相结合

具体方法为：成本考核的评分是奖罚的依据，相关指标的完成情况为奖罚的条件。也就是在根据评分计奖的同时，还要参考相关指标的完成情况加奖或扣罚。

与成本考核相结合的相关指标，一般有进度、质量、安全和现场标准化管理。

3．强调项目成本的中间考核

项目成本的中间考核，可从两方面考虑：

（1）月度成本考核。一般是在月度成本报表编制以后，根据月度成本报表的内容进行考核。在进行月度成本考核的时候，不能单凭报表数据，还要结合成本分析资料和施工生产、成本管理的实际情况，然后才能做出正确的评价，带动今后的成本管理工作，保证项目成本目标的实现。

（2）阶段成本考核。项目的施工阶段，一般可分为基础、结构、装饰、总体等四个阶段。如果是高层建筑，可对结构阶段的成本进行分层考核。

阶段成本考核的优点，在于能对施工暂告一段落后的成本进行考核，可与施工阶段其他指标（如进度、质量等）的考核结合得更好，也更能反映施工项目的管理水平。

4．施工项目的竣工成本考核

施工项目的竣工成本是在工程竣工和工程款结算的基础上编制的，它是竣工成本考核的依据。

工程竣工表示项目建设已经全部完成，并已具备交付使用的条件（即已具有使用价值）。而月度完成的分部分项工程，只是建筑产品的局部，并不具有使用价值，也不可能用来进行商品交换，只能作为分期结算工程进度款的依据。因此，真正能够反映全貌而又正确的项目成本，是在工程竣工和工程款结算的基础上编制的。

施工项目的竣工成本是项目经济效益的最终反映。它既是上缴利税的依据，又是进行职工分配的依据。由于施工项目的竣工成本关系到国家、企业、职工的利益，必须做到核算正确，考核正确。

5．施工项目成本的奖罚

施工项目的成本考核应对成本完成情况进行经济奖罚，不能只考核不奖罚，或者考核后拖了很久才奖罚。

由于月度成本和阶段成本都是假设性的，正确程度有高有低。因此，在进行月度成本和阶段成本奖罚的时候不妨留有余地，然后再按照竣工成本结算的奖金总额进行调整（多退少补）。

施工项目成本奖罚的标准，应通过合同的形式明确规定。这就是说，合同规定的奖罚标准具有法律效力，任何人都无权中途变更，或者拒不执行。另一方面，通过合同明确奖罚标准以后，职工群众就有目标，有积极性。具体的奖罚标准，应该经过认真测算再行确定。

企业领导和项目经理还可对完成项目成本目标有突出贡献的部门、作业队、班组和个人进行奖励。这是项目成本奖励的另一种形式，不属于上述成本奖罚范围。而这种奖励形式，往往能起到立竿见影的效用。

单元小结

施工项目成本是指建筑企业以施工项目作为成本核算对象的施工过程中所耗费的生产资料转移价值和劳动者的必要劳动所创造的价值的货币形式。研究施工项目成本，既要看到施工生产中的耗费形成的成本，又要重视成本的补偿，成本多算，则利润少计，可分配利润就会减少。施工企业工程成本由直接成本和间接成本组成。施工企业的目的是使施工项目的实际成本能够管理在预定的计划成本范围内。施工项目的成本的核算，实际上也是各成本项目的归集和分配的过程。由于主客观原因，施工企业的成本是变化的，对影响施工项目成本变动因素的分析就显得尤为重要。

思考与拓展

1．如何做好一个成本考核员？一个成本考核员应具备哪些条件？

2．一个工程项目完工后，如何对项目部的成本进行考核评价？由谁组织？有哪些人员参加？

3．影响成本的因素很多，试举例说明金融危机对成本影响是增大还是减少？

训练题

1．从成本发生时间来划分，施工项目成本可分为（　　）。

A．承包成本　　B．计划成本　　C．实际成本　　D．间接成本

2．按生产费用计入成本的方法来划分，施工项目成本可分为（　　）。

A．直接成本　　B．间接成本　　C．实际成本　　D．计划成本

3．按生产费用与工程量关系来划分，施工项目成本可分为（　　）。

A．固定成本　　B．变动成本　　C．直接成本　　D．间接成本

4．施工项目成本由（　　）构成。

A．固定成本　　B．变动成本　　C．直接成本　　D．间接成本

5．施工项目成本管理的内容包括（　　）。

A．成本预测，成本决策　　B．成本计划，成本控制

C．成本核算　　D．成本检查和成本分析

6．施工项目成本管理的原则包括（　　）。

A．成本最低原则　　B．全面成本管理原则

C．成本责任制原则　　D．成本管理有效化原则

E．成本管理科学化原则

7．全面成本管理是（　　）的管理。

A．全企业　　B．全员　　C．全过程　　D．全部管理

8．人工费核算包括（　　）。

A．内包人工费　　B．外包人工费

C．管理人工费　　D．试验人工费

9．施工项目分析方法有（　　）。

A．因果成本分析图法　　B．因素替换法

C．差额计算法　　D．比率法

单元7 建筑工程现场环境管理与安全管理

学习目标：

1. 掌握施工项目现场环境管理和安全管理的概念。
2. 了解安全事故的处理过程。
3. 会运用所学知识布置施工现场。

重点难点：

本单元的重点是施工项目现场管理、安全管理。施工项目现场环境管理是对施工项目现场内的活动及空间所进行的管理。施工项目部负责人应负责施工现场环境文明施工的总体规划和部署，各分包单位按各自的划分区域，按施工项目部的要求进行现场环境管理并接受项目部的管理监督。在施工现场由于有大量的人、材料、机械、电等，很可能出现安全事故，可能出现人员伤亡和财产损失，因此安全管理显得尤为重要。

子单元1 施工项目环境管理概述

7.1.1 施工项目现场管理的概念

建设工程现场是指用于进行该施工项目的施工活动，经有关部门批准占用的场地。这些场地可用于生产、生活或两者兼有，当该项工程施工结束后，这些场地将不再使用。施工现场包括红线以内或红线以外的用地，但不包括施工单位自有的场地或生产基地。

施工项目现场环境管理是对施工项目现场内的活动及空间所进行的管理。施工项目部负责人应负责施工现场文明施工的总体规划和部署，各分包单位按各自的划分区域和施工项目部的要求进行现场环境管理并接受项目部的管理监督。

7.1.2 施工项目现场环境管理的目的

施工项目的现场环境管理就是要做到“文明施工、安全有序、整洁卫生、不扰民、不损害公众利益。”

施工项目的现场环境管理是项目管理的一个重要部分。良好的现场环境管理使场容美观整洁，道路畅通，材料放置有序，施工有条不紊，安全、消防、保安均能得到有效的保障，有关单位都能满意。相反，低劣的现场环境管理会影响施工进度，为事故的发生埋下隐患。

施工企业必须树立良好的信誉，防止事故的发生，增强企业在市场的竞争力，必须要做好现场的文明施工，做到施工现场井井有条、整洁卫生。

7.1.3　施工项目现场环境管理的意义

1．体现一个城市贯彻国家有关法规和城市管理法规的一个窗口

工程施工与城市各部门、企业人员交往很多，与工程有联系的单位和人员都会注意到施工现场环境的好与坏，现场环境管理涉及城市规划、市容整洁、交通运输、消防安全、文明建设、居民生活、文物保护等，因此施工项目现场环境管理是一个严肃的社会和政治问题，稍有不慎就可能出现危及社会安定的问题。现场管理人员必须具有强烈的法制观念，具有全心全意为人民服务的精神。

2．体现施工企业的形象和面貌

施工现场环境管理的好坏，通过观察施工现场一目了然。施工现场环境管理的水平直接反映施工企业的管理水平及施工企业的面貌。一个文明的施工现场，能产生很好的社会效益，会赢得广泛的社会赞誉，反之则会损害企业声誉。施工现场的环境管理从一个方面体现了企业的形象和社会效益。

3．施工现场是一个周转站，能否管理好直接影响施工活动

大量的物资设备、人员在施工现场，如果管理不好就会引起窝工、材料二次搬运、交叉运输等问题，直接影响到施工活动。因此合理布置现场是工程项目能否顺利施工和按时完成的关键所在。

4．施工现场把各专业管理联系在一起

施工现场把土建工程、给水排水工程、电气工程、智能化工程、园林工程、市政工程、热能工程、通风空调工程、电梯工程等各专业联系在一起，各专业在施工现场合理分工、分头管理、密切合作，各专业之间相互影响又相互制约。

7.1.4　施工项目现场环境管理的内容

1．合理规划施工用地，保证场内占地合理使用

在满足施工的条件下，要紧凑布置，尽量不占或少占农田。当场内空间不满足施工要求时，应会同业主（建设单位）向规划部门和公安交通等有关部门申请，经批准后才能获得并使用场外临时施工用地。

2．在施工组织设计中，科学地进行施工总平面设计

施工总平面设计，其目的就是对施工场地进行科学规划，合理利用空间，以方便工程的顺利施工。

3．根据施工进度的具体需要，按阶段调整施工现场的平面布置

不同的施工阶段，施工的需求不同，现场的平面布置也应该随施工阶段的不同而调整。

4．加强对施工现场使用的检查

现场管理人员经常检查现场布置是否按平面布置图进行，如不按平面图布置应及时改正，保证按施工现场的布置进行施工。

5．文明施工

文明施工是指按照有关法规的要求，使施工现场范围和临时占地范围内的施工秩序井然。

文明施工有利于提高工程质量和工作质量，提高企业信誉。

6．完工场清

工程施工结束，及时组织人员清理现场，将施工临时设施拆除，剩余物资退出现场，将现场的材料机械转移到新工地。

7.1.5 施工项目现场环境管理组织体系

施工项目现场环境管理的组织体系根据项目管理情况不同而有所不同。业主可将现场环境管理的全部工作委托给总包单位，由总包单位作为现场环境管理的主要责任人，如图 7-1 所示。

现场环境管理除去在现场的单位外，当地政府的有关部门如市容管理、消防、公安等部门，现场周围的公众、居民委员会以及总包、施工单位的上级领导部门也会对现场管理工作施加影响。因此现场环境管理工作的负责人应把现场管理列入经常性的巡视检查内容，纳入日常管理并与其他工作有机结合在一起，要积极主动认真听取有关政府部门、近邻单位、社会公众和其他相关方面的意见和反映，及时抓好整改，取得他们的支持。

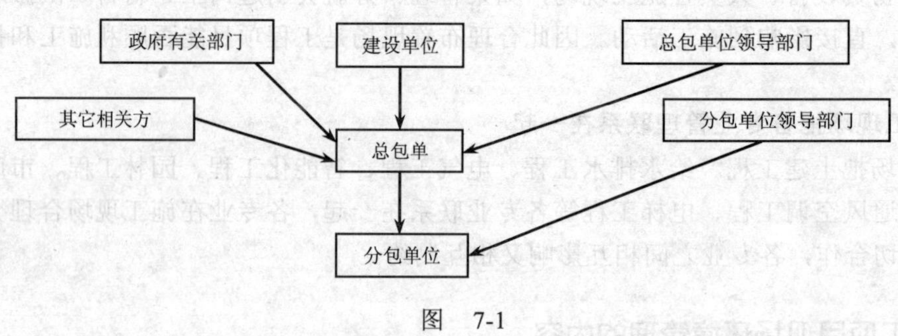

图 7-1

施工单位内部对现场环境管理工作的归口管理不尽一致，有的企业将现场环境管理工作分配给安全部门，有的则分配给办公室或企业管理办公室，也有分配给器材科的。现场环境管理工作的分配部门可以不一致，但应考虑到现场管理的复杂性和政策性，应当安排能够了解全面工作、能协调组织各部门工作的人员进行管理为妥。

在施工现场管理的负责人应组织各参建单位，成立现场管理组织。

现场管理组织的任务是：

（1）根据国家和政府的有关法令，向参建单位宣传现场环境管理的重要性，提出现场管理的具体要求。

（2）对参建单位进行现场管理区域的划分。

（3）定期和不定期的检查，发现问题，及时提出改正措施，限期改正，并作改正后的复查。

（4）进行项目内部和外部的沟通，包括与当地有关部门和其他相关方的沟通，听取他们的意见和要求。

（5）施工中有关现场环境管理的事项。

（6）在业主和总包的委托下，对参建单位有表扬、批评、培训、教育和处罚的权利和职责。

（7）审批使用明火、停水、停电、占用现场内公共区域和道路的权利。

7.1.6 项目现场环境管理的考核

现场环境管理的检查考核是进行现场管理的有效手段。除现场专职人员的日常专职检查外，现场的检查考核可以分级、分阶段、定期或不定期进行。例如，现场项目管理部可每周进行一次检查并以例会的方式进行沟通；施工企业基层可每月进行一次检查；施工单位的公司可每季进行一次检查；总公司或集团可每半年进行一次检查。有必要时可组织有关单位针对现场环境管理问题进行专门的专题检查。

由于现场环境管理涉及面大、范围广，检查出的问题也往往不是一个部门所能解决的。因此，有的企业把现场环境管理和质量管理、安全管理等其他管理工作结合在一起进行综合检查，既可节约时间，又可成为一项综合的考评。

子单元2 施工项目现场场容管理

场容是指施工现场的面貌，包括入口、边界围护、场内道路、堆场的整齐清洁，也包括办公室环境及施工人员的行为。

7.2.1 场容的基本要求

（1）现场入口设置企业标志，该标志标明建筑企业名称及第几项目部。

（2）项目经理部在现场入口的醒目位置设置公示牌，公示牌内容如下：

1）工程概况牌，包括工程规模、性质、用途，发包人、设计人、承包人和监理单位的名称，施工起止年月日等。

2）安全纪律牌，包括安全警示牌，安全生产、消防保卫制度。

3）防火须知牌。

4）安全无重大事故计时牌。

5）安全生产、文明施工牌。

6）施工总平面图。

7）项目经理部组织结构及主要施工管理人员名单图，包括施工项目负责人、技术负责人、质量负责人、安全负责人、器材负责人等。

7.2.2 场容管理

(1)施工现场场容规范化应建立在施工平面图设计的科学合理化和物料器具定位管理标准化的基础上。承包人应根据本企业的管理水平，建立和健全施工平面图管理和现场物料器具管理标准，为项目经理部提供场容管理策划的依据。

(2) 项目经理部必须结合施工条件，按照施工方案和施工进度计划的要求，根据施工各个阶段的具体情况，分阶段认真进行施工平面图的规划、设计、布置、使用和管理。

1) 施工平面图按指定的施工用地范围和现场施工各个阶段，分别进行布置和管理。施工平面图的内容应包括：

① 建筑现场的红线，可临时占用的地区，场外和场内交通道路，现场主要入口和次要入

口，现场临时供水供电的入口位置。

② 测量放线的标志桩，现场的地面大致标高。地形复杂的大型现场应有地形等高线，以及现场临时平整的标高设计。需要取土或弃土的项目应有取、弃土区域位置。

③ 已建建筑物、地上或地下的管道和线路；拟建的建筑物、构筑物。如先作管网施工时，应标出拟建的永久管网位置。

④ 现场主要施工机械位置及工作范围，包括垂直运输机械、搅拌机械等。

⑤ 材料、构件和半成品的堆场位置及占地面积。

⑥ 生产、生活临时设施，包括临时变压器、水泵、搅拌站、办公室、供水供电线路、仓库的位置。现场工人的宿舍应尽量安置在场外，必须安置在场内时应与现场施工区域有分隔措施。

⑦ 消防入口、消防道路、消火栓以及消防器材的位置。

⑧ 平面图比例，采用的图例、方向、风向和主导风向等标记。

施工总平面布置要求做到布置紧凑，尽可能减少施工用地。减少施工用地，既可以减少施工管线，又可以减少场内二次搬运和场内运输距离。根据材料的不同使用时间，尽可能靠近使用地点，保证施工顺利进行，这样既节约劳动力，又减少材料多次转运中的损耗。在保证顺利施工的前提下尽可能减少临时设施费用。临时设施的布置应便于施工管理及工人的生产和生活。施工现场应符合劳动保护、安全技术、防火、环保、市容、卫生的要求，并且便于管理，并应考虑减少对邻近地区或居民的影响。

2）单位工程施工平面图宜根据不同施工阶段的需要，分别设计成阶段性施工平面图，并在阶段性进度目标开始实施前，通过施工协调会议确认后实施。

（3）项目经理部应严格按照已审批的施工总平面图或相关的单位工程施工平面图划定的位置进行布置。施工项目现场布置主要包括机械设备、脚手架、密封式安全网和围挡、模具、施工临时道路，供水、供电、供气管道或线路，施工材料制品堆场及仓库、土方及建筑垃圾存放区、变配电间、消火栓、警卫室，现场的办公、生产和生活临时设施等。

（4）施工现场物料器具除应按施工平面图指定位置就位布置外，应根据不同特点和性质，规范布置，并执行码放整齐、限宽限高、上架入箱、按规格分类、挂牌标识等管理标准。

（5）在施工现场周边应设置临时围护设施。市区工地的周边围护设施高度不应低于 1.8m。临街脚手架、高压电缆、起重机回转半径伸至街道的，均应设置安全隔离棚。危险物品仓库附近应有明显标志及围挡设施。

（6）施工现场应设置畅通的排水沟渠系统，场地不积水、不积泥浆，道路应硬化坚实。

（7）室内保持整洁，墙面上挂有有关人员职责牌，常用应急电话号码告示牌。

7.2.3 环境管理

（1）施工现场泥浆和污水未经处理不得直接排入城市排水设施和河流、湖泊、池塘。

（2）不得在施工现场熔化沥青和焚烧油毡、油漆，不得焚烧产生有毒有害烟尘和恶臭气味的废弃物，禁止将有毒有害废弃物作土方回填。

（3）建筑垃圾、渣土应在指定地点堆放，每日进行清理。高空施工的垃圾及废弃物应采用密闭式串筒或其他措施清理搬运。装载建筑材料、垃圾或渣土的车辆，应采取防止尘土飞扬、洒落或流溢的有效措施，如运输车辆顶加覆盖。施工现场应根据需要设置机动车辆冲洗

设施，进出施工现场的车辆必须冲洗，防止车辆的污泥带到城市道路上污染道路，冲洗的污水应进行处理。

（4）在居民和单位密集区域进行爆破、打桩等施工作业前，项目经理部应按规定进行申请批准，还应将作业计划、影响范围、影响程度及有关保护措施等情况，向受影响范围的居民和单位通报说明，取得各方的支持和配合；对施工机械的噪声与振动扰民，采取相应措施予以管理。

（5）经过施工现场的地下管线，由发包人在施工前通知承包人，标出位置，加以保护。施工时发现文物、古迹、爆炸物、电缆等，应当停止施工，保护现场，及时向有关部门报告，按有关规定处理后方可继续施工。

（6）施工中需要停水、停电、封路而影响环境时，必须向有关部门报告，经有关部门批准后，事先告示，并发布消息，在施工现场应设置警示标志。在行人、车辆通行的地方施工，应当设置沟、井、坎、穴覆盖物和警示标志。

（7）施工现场应进行必要的绿化。

7.2.4　消防保安管理

（1）现场设立门卫传达，根据需要设置警卫，负责施工现场保卫工作，并采取必要的防盗措施。施工现场的主要管理人员在施工现场应当佩戴证明其身份的证卡，其他现场施工人员也要有标识。有条件时可对进出场人员使用磁卡管理。

（2）承包人必须严格按照《中华人民共和国消防法》的规定，建立和执行消防管理制度。现场必须有满足消防车出入和行驶的道路，并设置符合要求的防火报警系统和固定式灭火系统，消防设施应保持完好的备用状态。在火灾易发地区施工或储存、使用易燃、易爆器材时，承包人应当采取特殊的消防安全措施。现场严禁吸烟，必要时可设吸烟室。

（3）施工现场的通道、消防出入口、紧急疏散楼道等，均应有明显标志或指示牌。有高度限制的地点应有限高标志。

（4）施工中需要进行爆破作业的，必须经政府主管部门审查批准，并提供爆破器材的品名、数量、用途、爆破地点、与四周单位及建筑物的距离等文件和安全操作规程，向所在地县、市（区）公安局申领“爆破物品使用许可证”，由具备爆破资质的专业队伍按有关规定进行施工。

7.2.5　卫生防疫管理

卫生防疫管理的重点是食堂管理和现场卫生。

（1）食堂管理应当在组织施工时就进行策划。

（2）现场食堂应按照就餐人数安排食堂面积设施以及炊事员和管理人员。

（3）食堂卫生必须符合《中华人民共和国食品卫生法》和其他有关卫生规定的要求。

（4）炊事人员应经定期体格检查合格后方可上岗。炊具应严格消毒，生热食应分开。

（5）原料及半成品应经检验合格，方可采用。

（6）现场食堂不得出售酒精饮料。现场人员在工作时间严禁饮用酒精饮料。

（7）要确保现场人员饮水的供应，炎热季节要供应清凉饮料。

（8）生产和生活区应分开。施工现场不宜设置职工宿舍，必须设置时应尽量和施工场地分开。施工现场应准备必要的医务设施。在办公室内显著位置张贴急救车和有关医院电话号码。夏天施工应根据需要采取防暑降温和消毒、防毒措施。施工作业区与办公区应分区明确。

(9) 现场的厕所应符合卫生要求。

子单元3 施工项目安全管理概述

7.3.1 施工项目安全管理的概念

安全管理是指施工企业采取措施使项目在施工中没有危险，不出事故，不造成人身伤亡和财产损失。安全既包括人身安全，也包括财产安全。

"安全生产管理"是指经营管理者对安全生产工作进行的策划、组织、指挥、协调、管理和改进的一系列活动，目的是保证在生产经营活动中的人身安全、资产安全，促进生产的发展，保持社会的稳定。

安全生产长期以来一直是我国的一项基本方针，它不仅是要保护劳动者生命安全和身体健康，也是要促进生产的发展，必须贯彻执行；同时安全生产也是维护社会安定团结，促进国民经济稳定、持续、健康发展的基本条件，是社会文明程度的重要标志。

安全与生产的关系是辩证统一的关系，而不是对立的、矛盾的关系。安全与生产的统一性表现在：一方面是指生产必须安全，安全是生产的前提条件，不安全就无法生产；另一方面，安全可以促进生产，抓好安全，为员工创造一个安全、卫生、舒适的工作环境，可以更好地调动员工的积极性，提高劳动生产率和减少因事故带来的不必要的损失和麻烦。

7.3.2 施工项目安全管理的特点

1. 施工项目安全管理的难点多

由于受自然环境的影响大，冬雨季施工多，高空作业多，地下作业多，大型机械多，用电作业多，易燃易爆物多，因此安全事故引发点多，安全管理的难点必然多。

2. 安全管理的劳保责任重

建筑施工的手工作业多，人员数量大，交叉作业多，高空作业的危险性大，因此劳动保护责任重大。

3. 施工项目安全管理是企业安全管理的一个子系统

企业安全系统包括安全组织系统、安全法规系统和安全技术系统，这些系统都与施工项目安全有密切关系。安全法规系统是国家、地方、行业的安全法规，各企业必须执行；安全组织系统是企业内部安全部门和安全管理人员，是安全法规的执行者；安全技术系统是国家对不同工种、行业制定的技术安全规范。

4. 施工现场是安全管理的重点和难点

施工现场人员集中、物资集中，是作业场所，事故一般都发生在现场，因此施工现场是安全管理的重点和难点。

7.3.3 施工项目安全管理的原则

1．“安全第一，预防为主”的原则

在生产活动中，把安全放在第一位，当生产和安全发生矛盾时，生产必须服从安全，即安全第一。预防为主是实现安全第一的基础，要做到安全第一，首先要做好预防措施。预防工作做好了，就可以保证安全生产，实现安全第一。

2．明确安全管理的目的性

安全管理是对生产中的人、物、环境等因素状态的管理。做好对人的不安全行为和物的不安全状态的管理，就能消除或避免事故。

3．坚持全方位、全过程的管理

只要有生产就有发生事故的可能，因此必须坚持全员、全过程、全方位、全天候的安全管理状态。

4．不断提高安全管理水平

随着社会的发展，生产活动是不断发生变化的，因此安全管理工作也会随着生产活动的变化而发生变化，施工企业需要不断总结安全管理经验，提高安全管理水平。

5．“生产必须安全，安全促进生产”

许多企业提出“质量是企业的生命，安全是企业的血液”，足以看出企业对安全的重视程度。“生产必须安全”是指劳动过程中，必须尽一切可能为劳动者创造必要的安全卫生条件，积极克服不安定不卫生因素，防止伤亡事故和职业性毒害的发生，使劳动者在安全卫生的条件下，顺利地进行劳动生产。“安全促进生产”是指安全工作必须紧紧围绕生产活动来进行，不仅要保护职工的生命安全和身体健康，而且要促进生产的发展。施工企业的任务是想尽一切办法克服不安全因素，促进生产发展，离开了生产，安全工作就毫无实际意义。

安全管理是生产管理的重要组成部分，只有安全才能促进生产的发展。特别是生产任务繁忙时，就更应该处理好二者的关系，生产任务越忙越要重视安全，把安全工作搞好。否则如若出现工伤事故，既妨碍生产，又影响企业声誉。因此生产和安全是互相联系，互相依存的，要正确处理好二者之间的关系。

7.3.4 施工项目安全管理的程序

1．确定施工安全目标

企业按照生产经营活动的要求，制定安全总目标，各部门和员工按企业总目标，自上而下制定切实可行的分目标，形成一套完整的安全目标管理体系。

2．编制项目安全保证计划

按企业要求，各部门员工编制各部门的安全计划。

3．施工项目安全计划实施

目标制定完毕后，企业与各部门员工、项目签订协议，使他们自觉为实现目标而努力。

4．施工项目安全保证计划验证

各部门员工在安全管理的执行中，要对执行情况进行总结，验证目标的完成情况。

5．施工项目安全管理的持续改进

施工项目在达到安全管理目标后，制定新一轮的安全目标，使安全目标更加完善。

6．兑现合同承诺

按照协议的约定对员工进行奖惩。

7.3.5 安全管理体系

1993年，国务院在《关于加强安全生产工作的通知》中提出实行“企业负责、行业管理、国家监察、劳动者遵章守纪”的安全生产管理体制。实践证明，这条原则是适应我国市场经济体制要求的，同时也符合国际惯例。

1．“企业负责”

“企业负责”是指企业在其经营活动中必须对本企业的安全生产负全面责任。

企业对安全生产负责的关键是要做到“三个到位”，即责任到位、投入到位、措施到位。责任到位就是必须全面落实各级安全生产责任制；投入到位就是要确保对安全生产的资金投入；措施到位就是要严格按照国家关于安全生产的法律、法规和方针政策，结合本单位、本项目的实际情况，制定详尽周密的安全生产计划，并按照计划认真抓好落实工作。

（1）企业法定代表人是安全生产的第一责任人，项目经理是施工项目安全生产的主要责任人。

（2）企业应自觉贯彻“安全第一、预防为主”的方针和坚持“管生产必须管安全”的原则，严格遵守安全生产的法律、法规和标准。

（3）正确处理好“五种关系”，即安全与生产、安全与效益、安全与进度、安全与管理、安全与技术的关系。

（4）必须建立健全本企业安全生产责任制和各项安全生产规章制度。安全生产责任制要“横向到边，纵向到底”，明确各级领导、各职能部门、所有操作者和管理者的安全责任，使安全工作层层有人负责，事事有人管理，齐抓共管，责任明确，这样才能真正做到安全生产的顺利进行。

（5）施工企业必须设置安全机构，配备合格的安全管理人员，对企业的安全工作进行有效的管理。

（6）负责提供符合国家安全生产要求的工作场所、生产设施。

（7）加强对有毒、易燃易爆等危险品和特种设备的管理。

（8）对从事危险物品管理和操作的人员都应进行专业的训练，并持证上岗。

（9）编制安全生产计划和专项安全施工组织设计。

（10）要进行定期和不定期的安全检查，杜绝违章指挥、违章作业和违反劳动纪律现象，及时消除不安全因素。

（11）加强对员工的安全教育和培训，提高全体员工的业务素质和安全素质。新工人入场必须进行三级安全教育，三级安全教育是指公司、工程处、施工队和班组的安全教育。安全

教育要根据企业的实际情况采取多种形式进行。如安全活动日、班前班后安全会、安全会议、安全月、安全技术交底、广播、黑板报、事故现场会、分析会、安全技术专题讲座等。安全教育要抓好三步：第一是传授安全知识，这是解决“知”的问题；第二是使职工掌握安全操作技能，把掌握的知识运用到实际工作中去，就是解决“会”的问题；第三是“执行”，对每一个职工来说即使掌握了安全知识和安全技能，也不一定每一个人都“执行”，因此必须经常进行安全态度教育。

（12）自觉接受当地政府行政管理、国家监察和群众监督。

2.“行业管理”

“行业管理”就是各级行业主管部门对用人单位的职业健康安全工作加以指导，充分发挥行业主管部门对本行业职业健康安全工作进行管理的作用。

3.“国家监察”

“国家监察”就是各级政府部门对用人单位遵守职业健康安全法律、法规的情况实施监督检查，并对用人单位违反职业健康安全管理体系法律、法规的行为实施行政处罚。

国家监察是一种执法监察，主要是监察国家法律、法规、政策的执行情况，预防和纠正违反法律、法规、政策的偏差，它不干预企事业单位内部执行法律、法规、政策的方法、措施和步骤等具体事务。它不能替代行业管理部门日常管理和安全检查。

4.“群众监督”

“群众监督”就是要规定工会依法对用人单位的职业健康安全工作实行监督，劳动者对违反职业健康安全法律、法规和危害生命及身体健康的行为，有权提出批评、检举和控告。

5.“劳动者遵章守纪”

安全生产目标的实现，其根本取决于全体员工素质的提高，取决于劳动者能否自觉履行好自己的安全法律责任。按照《劳动法》的规定，就是“劳动者在劳动过程中，必须严格遵守安全操作规程”。要“珍惜生命，爱护自己，勿忘安全”，广泛深入地开展“三不伤害”活动，自觉做到遵章守纪、遵纪守法，确保安全。

子单元4 施工项目安全管理体系

7.4.1 安全保证计划

安全目标管理是企业在某一时期制定出的旨在为达到保证生产过程中员工的安全和健康的目标而采取的一系列工作的总称。安全保证计划是项目部在企业总目标下而制定的安全目标。

1. 确定施工安全目标

（1）项目经理部应根据项目施工安全目标的要求配置必要的资源，确保施工安全，保证目标实现。专业性较强的施工项目，应编制专项安全施工组织设计并采取安全技术措施。

（2）项目安全保证计划应在项目开工前编制，经项目经理批准后实施。

2．项目安全保证计划书

（1）项目安全保证计划的内容包括工程概况、管理程序、管理目标、组织结构、职责权限、规章制度、资源配置、安全措施、检查评价、奖惩制度。

（2）项目经理部应根据工程特点、施工方法、施工程序、安全法规和标准的要求，采取可靠的技术措施，消除安全隐患，保证施工安全。

（3）对结构复杂、施工难度大、专业性强的项目，除制定项目安全技术总体安全保证计划外，还必须制定单位工程或分部、分项工程的安全施工措施。

（4）对高空作业、井下作业、水上作业、水下作业、深基础开挖、爆破作业、脚手架上作业、有害有毒作业、特种机械作业等专业性强的施工作业，以及从事电气、压力容器、起重机、金属焊接、井下瓦斯检验、机动车和船舶驾驶等特殊工种的作业，应制定单项安全技术方案和措施，并应对管理人员和操作人员的安全作业资格和身体状况进行合格审查。

（5）安全技术措施应包括防火、防毒、防爆、防洪、防尘、防雷击、防触电、防坍塌、防物体打击、防机械伤害、防溜车、防高空坠落、防交通事故、防寒、防暑、防疫、防环境污染等方面的措施。

7.4.2 安全保证计划的实施

1．落实安全责任制

项目经理部应根据安全生产责任制的要求，把安全责任目标分解到岗，落实到人。安全生产责任制必须经项目经理批准后实施。

1）项目经理的安全职责包括：认真贯彻安全生产方针、政策、法规和各项规章制度，制定和执行安全生产管理办法；严格执行安全考核指标和安全生产奖惩办法；严格执行安全技术措施审批和施工安全技术措施交底制度；定期组织安全生产检查和分析，针对可能产生的安全隐患制定相应的预防措施；当施工过程中发生安全事故时，项目经理必须按安全事故处理的预案和有关规定程序及时上报和处置，并制定防止同类事故再次发生的措施。

2）安全员安全职责包括：落实安全设施的设置；对施工全过程的安全进行监督，纠正违章作业；配合有关部门排除安全隐患；组织安全教育和全员安全活动；监督劳保用品质量和正确使用。

3）作业队长安全职责包括：向作业人员进行安全技术措施交底，组织实施安全技术措施；对施工现场安全防护装置和设施进行验收；对作业人员进行安全操作规程培训，提高作业人员的安全意识，避免产生安全事故；当发生重大或恶性工伤事故时，应保护现场，立即上报并参与事故调查处理。

4）班组长安全职责包括：安排施工生产任务时，向本工种作业人员进行安全措施交底；严格执行本工种安全技术操作规程，拒绝违章指挥；作业前应对本次作业所使用的机具、设备、防护用具及作业环境进行安全检查，消除安全隐患，检查安全标牌是否按规定设置，标识方法和内容是否正确完整；组织班组开展安全活动，召开上岗前安全生产会；每周应进行安全讲评。

5）操作工人安全职责包括：认真学习并严格执行安全技术操作规程，不违规作业；自觉遵守安全生产规章制度，执行安全技术交底和有关安全生产的规定；服从安全监督人员的指

导，积极参加安全活动；爱护安全设施；正确使用防护用具；对不安全作业提出意见，拒绝违章指挥。

6）承包人对分包人的安全生产责任的管理：审查分包人的安全施工资格和安全生产保证体系，不应将工程分包给不具备安全生产条件的分包人；在分包合同中应明确分包人安全生产责任和义务；对分包人提出安全要求，并认真监督、检查；对违反安全规定冒险蛮干的分包人，应令其停工整改；承包人应统计分包人的伤亡事故，按规定上报，并按分包合同约定协助处理分包人的伤亡事故。

7）分包人安全生产责任包括：分包人对本施工现场的安全工作负责，认真履行分包合同规定的安全生产责任；遵守承包人的有关安全生产制度，服从承包人的安全生产管理，及时向承包人报告伤亡事故并参与调查，处理善后事宜。

2．实施安全教育的规定

（1）项目经理部的安全教育内容包括：学习安全生产法律、法规、制度和安全纪律，讲解安全事故案例。

（2）作业队安全教育内容包括：了解所承担施工任务的特点，学习施工安全基本知识、安全生产制度及相关工种的安全技术操作规程；学习机械设备和电器使用、高处作业等安全基本知识；学习防火、防毒、防爆、防洪、防尘、防雷击、防触电、防高空坠落、防物体打击、防坍塌、防机械伤害等知识及紧急安全救护知识；了解安全防护用品发放标准，防护用具、用品使用基本知识。

（3）班组安全教育内容包括：了解本班组作业特点，学习安全操作规程、安全生产制度及纪律；学习正确使用安全防护装置（设施）及个人劳动防护用品知识；了解本班组作业中的不安全因素及防范对策、作业环境及所使用的机具安全要求。

3．安全技术交底

（1）单位工程开工前，项目经理部的技术负责人必须将工程概况、施工方法、施工工艺、施工程序、安全技术措施，向承担施工的作业队负责人、工长、班组长和相关人员进行交底。

（2）结构复杂的分部分项工程施工前，项目经理部的技术负责人应有针对性地进行全面、详细的安全技术交底。

（3）项目经理部应保存双方签字确认的安全技术交底记录。

7.4.3 施工项目的安全检查

安全检查是预防安全事故发生的重要措施。安全检查是为了及时发现事故隐患，堵塞事故漏洞，防患于未然，因此必须建立安全检查制度。安全检查的形式分为普遍检查、专业检查和季节性检查。安全检查的内容分为现场和资料两部分。

（1）项目经理应组织项目经理部定期对安全管理计划的执行情况进行检查考核和评价。对施工中存在的不安全行为和隐患，项目经理部应分析原因并制定相应整改防范措施。

（2）项目经理部应根据施工过程的特点和安全目标的要求，确定安全检查内容。

（3）项目经理部安全检查应配备必要的设备或器具，确定检查负责人和检查人员，并明确检查内容及要求。

（4）项目经理部安全检查应采取随机抽样、现场观察、实地检测相结合的方法，并记录检测结果。对现场管理人员的违章指挥和操作人员的违章作业行为应进行纠正。

（5）安全检查人员应对检查结果进行分析，找出安全隐患部位，确定危险程度。

（6）项目经理部应编写安全检查报告。

7.4.4 施工项目安全管理事故的处理

1．安全隐患处理

（1）项目经理部应区别“通病”、“顽症”、“首次出现”、“不可抗力”等类型，对这些隐患采取修订和完善安全整改措施。

（2）项目经理部应对检查出的隐患立即发出安全隐患整改通知单。受检单位应对安全隐患原因进行分析，制定纠正和预防措施。纠正和预防措施应经检查单位负责人批准后实施。

（3）安全检查人员对检查出的违章指挥和违章作业行为向责任人当场指出，限期纠正。

（4）安全员对纠正和预防措施的实施过程和实施效果应进行跟踪检查，保存验证记录。

2．项目经理部进行安全事故处理

（1）安全事故处理必须坚持“事故原因不清楚不放过，事故责任者和员工没有受到教育不放过，事故责任者没有处理不放过，没有制定防范措施不放过”的“四不放过”原则。

（2）安全事故处理程序

1）安全事故：安全事故发生后，受伤者或最先发现事故的人员应立即用最快的传递手段，将发生事故的时间、地点、伤亡人数、事故原因等情况，上报至企业安全主管部门。企业安全主管部门视事故造成的伤亡人数或直接经济损失情况，按规定向政府主管部门报告。

2）事故处理：抢救伤员，排除险情，防止事故蔓延扩大，做好标识，保护好现场。

3）事故调查：项目经理应指定技术、安全、质量等部门的人员，会同企业工会代表组成调查组，开展调查。

4）调查报告：调查组应把事故发生的经过、原因、性质、损失责任、处理意见、纠正和预防措施撰写成调查报告，并经调查组全体人员签字确认后报企业安全主管部门。

7.4.5 施工项目安全管理的继续改进和兑现合同承诺

工程竣工后要及时提交安全控制总结报告，总结施工过程中的安全控制有哪些经验、哪些不足，为以后的工作积累经验，同时也要兑现合同中关于安全事故的奖罚承诺。

单元小结

施工项目现场环境管理是对施工项目现场内的活动及空间所进行的管理。施工现场环境管理的好坏，通过观察施工现场一目了然，直接反映施工企业的管理水平及施工企业的面貌，一个文明的施工现场，能产生很好的社会效益，会赢得广泛的社会赞誉，反之会损害企业声誉。施工现场包括入口、边界围护、场内道路、堆场的整齐清洁，也包括办公室环境及施工人员的行为。现场设立门卫传达，根据需要设置警卫，负责施工现场保卫工作，并采取必要的防盗措施。施工现场泥浆和污水未经处理不得直接排入城市排水设施。做好卫生防疫的管理，重点是食堂和现场卫生。现场施工不出事故，不造成人身伤亡和财产损

失是企业追求的目标。

思考与拓展

1．如何做好一个安全员？一个安全员应具备哪些条件？
2．安全事故发生后如何处理？由谁组织对事故的认定？
3．影响建筑工程安全的因素很多，试举例说明。
4．高层建筑工程在设计时应采取什么措施防止火灾的发生（主要以防火规范说明）？

训练题

1．施工项目现场管理的目的是（　　）。
A．文明施工　　B．安全有序
C．整洁卫生　　D．不扰民、不损害公众利益
2．安全管理是指在施工中（　　）。
A．没有危险　　B．不出事故
C．不造成人身伤亡　　D．不造成财产损失
3．施工项目安全管理的原则是（　　）。
A．安全第一，预防为主　　B．明确安全管理的目的性
C．坚持全方位全过程管理　　D．不断提高安全管理水平
4．施工项目现场管理的意义是（　　）。
A．体现一个城市贯彻有关法规和城市管理法规的一个窗口
B．体现施工企业的面貌
C．施工现场是一个周转站，能否管理好直接影响施工活动
D．施工现场把各专业管理联系在一起
5．国务院在《关于加强安全生产工作的通知》中提出的安全生产管理体制是（　　）。
A．企业负责　　B．行业管理
C．国家监察　　D．劳动者遵章守纪
6．企业法定代表人是安全生产的（　　）责任人。
A．第一　　B．第二　　C．第三　　D．第四
7．企业对安全生产负责的关键是要做到“三个到位”，即（　　）。
A．责任到位　　B．投入到位　　C．措施到位　　D．管理到位
8．承包企业要正确处理好安全与（　　）的关系。
A．生产效益　　B．进度　　C．管理　　D．技术
9．安全事故处理必须坚持（　　）。
A．事故原因不清楚不放过
B．事故责任者和员工没有受以教育不放过
C．事故责任者没有处理不放过
D．没有制定防范措施不放过

单元8　建筑工程项目生产要素（资源）管理

学习目标：

1. 掌握生产要素的概念。
2. 熟悉人力资源、材料资源、机械设备资源、技术资源、资金资源的管理。

重点难点：

本单元的重点是建筑工程项目生产要素的管理。项目管理的实质，是在一定的时间、空间等约束条件下，对劳动力、设备机具、建筑材料等有限资源进行动态管理和优化组合，从而高效率地实现项目管理目标。

子单元1　施工项目生产要素管理概述

8.1.1　施工项目生产要素管理的含义及内容

1. 施工项目生产要素管理的含义

生产要素是指人们创造出产品所需的各种要素，即形成生产力的各种要素。

施工企业承包一项工程，必须有与之相适应的人力、财力、物力作保证。如果没有一定数量的管理、技术人员和作业队伍，没有相配套的设备机具等施工手段，没有足够的资金支付能力，没有构成工程实体的钢材、水泥、木材及各种建筑材料，施工生产就无法进行，也就谈不上按项目管理的要求组织施工。

施工项目生产要素的管理，是施工项目管理的延伸和具体化。项目管理的实质，是在一定的时间、空间等约束条件下，对劳动力、设备机具、建筑材料等有限资源进行动态管理和优化组合，从而高效率地实现项目管理目标。而对施工项目生产要素的管理，也就是在研究掌握各种生产要素的特点和规律的基础上，通过计划、组织、控制、协调等手段来支配生产要素，来达到项目管理的技术经济要求。对施工项目生产要素实施有效管理，是实现项目管理目标的基础和前提。工程质量优、工期短、成本低和安全生产是施工项目管理追求的目标。为实现上述目标，必须有合格的项目管理人员和作业队伍，满足工程需要的施工装备手段，

合乎设计要求的原材料和半成品等。其中任何一类生产要素不符合要求，都可能导致项目管理不能实现预期的目标。

2．施工项目生产要素管理的内容

（1）人力资源管理。人力资源一般是指能够从事生产活动的体力和脑力劳动者。人力资源具有增值性和可开发性，是企业利润的源泉。企业的高速持续发展必须依靠大批优秀人才的支持。施工项目中的人力资源的使用，关键在明确责任制，调动积极性，发挥潜能，提高劳动效率。

（2）材料管理。建筑材料主要分为主要材料、辅助材料和周转材料。抓好材料管理，做到合理使用、节约材料、减少消耗，是降低工程成本的主要途径。

（3）机械设备管理。机械设备分为大、中、小型机械设备。机械设备管理的关键主要是解决机械利用率。

（4）技术管理。施工项目技术管理，是对各项技术工作要素和技术活动过程的管理。技术要素包括：技术人才、技术装备、技术规程、技术信息、技术资料、技术档案等；技术活动过程包括：技术计划、技术学习、技术运用、技术开发、技术试验、技术改造、技术处理、技术评价等。

（5）资金管理。项目资金管理的目的就是保证收入，节约支出，防范风险和提高经济效益。

8.1.2 施工项目生产要素管理的过程

（1）编制计划。按照业主需要和合同工期要求，编制生产要素的优化配置计划，确定各种生产要素的投入数量、投入时间，以满足施工项目实施进度的需要。

（2）资源供应。应根据工程施工进度的需要，按编制的生产要素计划，做好各种资源的供应工作，以保证合同工期的实现。

（3）过程管理。应根据每种资源的特性，采取科学的措施，进行动态配置和组合，协调投入，合理使用，以尽可能少的资源，满足工程项目的使用，达到降低成本、节约资源的目的。

（4）分析和改进。定期对资源的投入、使用情况进行核算分析，以求得更好的经济效益和社会信誉。

子单元2 施工项目人力资源管理

8.2.1 人力资源管理的内容与任务

1．人力资源管理的内容

人力资源管理的内容包括对劳动者及其在施工过程中的组织与管理工作。人力资源包括体力劳动和脑力劳动。施工项目人力资源管理的主要内容是：

（1）对职工的聘用、辞退和调配。

（2）对职工的考勤、考绩、考核和奖惩。

（3）职工工资、奖金的管理和发放。

（4）根据工程特点，改善劳动组织。

（5）推行多种形式的经济承包责任制。

（6）加强对职工的技术业务与政治培训。

（7）加强劳动保护。

（8）人力资源统计。

2．人力资源管理的任务

劳动是人类社会存在和发展的最基本条件。在劳动者、劳动资料和劳动对象三要素的结合过程中，劳动者的劳动是主动的，是起主要作用的因素。通过科学的管理方法，使这三个要素最有效地结合起来，充分发挥劳动者的积极性和创造性，不断提高劳动生产率，是劳动管理的中心任务。劳动管理水平的高低，对项目管理的成效具有重要意义。

8.2.2 人力资源的配置

1．人力资源配置形式

施工项目人力资源配置有两种形式。一是企业内部劳务队伍，即劳务分公司；二是外部劳务市场的劳务分包企业。

2．人力资源聘用

（1）劳务分包的工程，与劳务分公司签订劳务分包合同。劳务分包合同的内容包括：

工程名称、劳务分包工作内容及范围、提供劳务人员的数量、合同工期、合同价款及其确定原则、合同价款的结算和支付、安全施工、重大伤亡及其他安全事故处理、工程质量、验收与保修、工期延误、文明施工、材料机具供应、文物保护、双方的权利与义务、违约责任等。

（2）实行择优聘用、竞争上岗、以岗定薪的管理制度。

项目经理由总经理聘任，项目部管理人员由项目经理聘任，报总经理批准。合同制工人、临时工、季节工、计划外用工都要签订劳动合同。劳动合同的内容包括：

1）在生产上应当达到的数量、质量指标，或应当完成的任务。

2）试用期限、合同期限。

3）生产、工作条件。

4）劳动报酬和保险、福利待遇。

5）劳动纪律。

6）违反劳动合同者应承担的责任。

7）双方认为需要规定的其他事项。

8.2.3 人力资源的动态管理

施工企业绝大多数为合同工和临时工，人员专业素质较低，不懂专业知识，安全意识比较差，因此如何发挥和利用人力资源必须进行以下工作：

1．培训

（1）公司指定人员参加自己举办的各种教育培训，除有特殊情况外，不得拒绝参加。

（2）内部培训内容

1）讲解公司的发展史和人事制度的相关内容，普及法律知识，突出道德教育。

2）本岗位的工作要求、业务范围和技术特点，安全生产知识。

3）员工要不断研究学习本职技能，提高自己的工作熟练程度和效率，积极参加岗位培训。

4）根据工作需要，可指定德才兼备的管理人员继续深造，接受高一层次的培训，充实其管理和业务上的能力，以更好地完成本职工作。

5）聘请专家或教师来本公司进行专业辅导或专题演讲，提高员工管理及业务水平。

2．签订劳动合同

3．调动

（1）如因工作需要，公司可对任何部门科室人员进行调动，被调员工必须积极配合。

（2）项目部人员增加或减少，必须经项目经理批准，并报总经理审批。

（3）因个人原因要求调动的，应写书面报告，经领导批准后，由人力资源部按规定办理。

（4）员工接到调令后，要与人力资源部和相关人员办理交接手续，5天内到新工作岗位报到。

（5）科室人员或部门人员调走后新员工未到岗，由部门负责人暂时委派其他人员临时管理。

4．解聘

（1）因不可抗力使公司运行不景气时。

（2）公司的业务性质发生变化或机构调整，造成减员又无适当工作安排时。

（3）实行竞争上岗被淘汰时。

（4）确实不能胜任工作或有违章违纪情况的。

（5）劳动合同、聘用协议到期。

子单元3 施工项目材料管理

8.3.1 施工项目材料管理的任务和意义

1．施工项目材料管理的任务

材料管理的任务就是要保证适时、适地、按质、按量、成套齐备地供应，并在保证供应的同时，节省材料采购和保管费用，减少材料损耗，合理使用材料，以降低材料成本。

适时，是指按规定的时间供应材料。供应时间过早，需要仓库储存或占用施工现场，增加仓库费用或影响现场施工；供应时间过晚，则造成停工待料。

适地，是指按规定的地点供应材料。材料卸货的地点不当，有可能造成二次搬运，增加费用。

按质，是指按规定的质量标准供应材料。低于所要求的质量标准，会造成工程质量下降；高于所要求的质量标准，则材料成本增加。

按量，是指按规定的数量供应材料。多了造成积压，占用流动奖金；少了则停工待料，影响进度，延误工期。

成套齐备地供应，是指供应的材料，品种、规格要齐全配套，符合工程需要。

2．施工项目材料管理的意义

（1）搞好材料管理是保证施工生产正常进行的先决条件。由于建筑工程消耗的材料数量多，品种复杂。材料供应不及时或时断时续，施工过程就会中断或停顿。要想顺利施工，必须先做好材料供应的组织管理工作。

（2）搞好材料供应是搞好工程质量的重要保障。建筑安装工程质量如何，在很大程度上取决于材料的质量，若使用的材料不符合质量要求，势必会降低工程质量。因此，建筑材料必须符合设计要求。

（3）搞好材料管理，可以保证工程按期或提前竣工。在施工中，材料要源源不断地供应上来，才能保证生产过程的连续性，使工程满足施工进度和工期要求，按期或提前竣工。

（4）搞好材料管理，可以降低工程成本，提高经济效益。材料在工程成本中所占的比例很大，一般可达 60%～70%，所以降低材料费是降低成本的关键。由于材料占用流动资金的数额较大，加强材料管理，以加速这部分资金的周转，减少资金占用。加强现场材料管理，减少和避免二次搬运费，还有助于提高劳动效率。

8.3.2 施工项目材料的供应计划

1．确定材料的需要量

材料需要量是指计划期内所需的材料数量。材料需要量计算的依据是：计划施工任务、构配件生产任务；技术组织措施和设备维修需用材料资料；材料消耗定额等。

材料需要量的确定应按照每一类材料的具体规格、品种分别进行计算。

一般建筑工程施工生产材料需用量由施工生产部门计算提出，由材料管理部门综合汇总。年度需用总量确定后，还需按工程进度计算出季度、月度的分期需用量。

2．确定材料的储备量

为了保证施工生产的正常进行，施工项目应根据材料储备定额的规定和工程特点，确定经济合理的材料储备量。

材料储备由经常储备、保险储备和季节性储备三类储备组成。

经常储备，也称周转储备，是指在前后两批材料到货间隔期内，为保证日常生产正常进行而建立的储备。

保险储备，也称安全储备，是指为了防止意外情况造成材料供应不及时，或为了适应生产中材料需用量的临时增加而建立的储备。

季节性储备是指为了适应某些材料的生产和运输受季节性影响而中断的情况而建立的储备。

8.3.3 施工项目材料的采购运输

1．材料采购

材料的采购方式也称订货方式，一般分定量订购和定期订购两种方式。

定量订购方式是指当材料库存量达到保险储备之前的某一水平即订购，按一定的批量订购补充库存的一种方式。其特点是定量不定期，以定购次数的多少满足库存储备量的需要，这种方式适用于需求量较稳定均衡，耗用量少，价值较低而品种却很多的材料。

定期订购方式是一种定期不定量的材料订购方式，按事先确定的定购周期如若干天、旬和月组织材料订购，并且每次预测需求量，结合实际库存量，确定订购。此方式的特点是以订购量的多少来满足库存储备的需要，适用于品种少、耗用量大，或较贵重的以及需用量不规则的材料。

2．材料运输

（1）材料运输方式的合理选择。运输方式的选择包括运输组织形式及与运输工具相联系

的具体运输方式的选择。运输组织形式包括自运、托运、联运、代办托运等；与运输工具相联系的具体运输方式包括水路运输、铁路运输、汽车运输等。合理选择运输方式必须经过方案比较，择优采用。在保证如期完成运输任务的前提下，运输成本最低者为最优运输方式。

（2）材料调运方案的优化。当多个供应地点和多个需要地点，且各点之间的距离和运价各不相同时，必须优化运输方案以最低的运输成本保证运输任务的完成。

（3）努力提高运输质量。材料运输工作当前存在严重的野蛮运输、野蛮装卸的问题，使材料损坏、亏损、浪费、损耗加大。因此，施工单位必须与运输单位共同采取措施，提高运输质量。

8.3.4　项目部的材料管理

1．仓库管理的主要工作

（1）安全管理。包括现场及仓库的防火、防盗。要建立必需的仓库安全管理制度并由专职人员严格执行。

（2）库容管理。目的在于以有限的空间发挥最大的存放效果。材料及其他物资存放分为现场露天存放和入库存放两类。

入库存放时，材料要按分类编号，对号入座。小件零星材料要集中堆放，做到“五五成行、五五成堆、五五成层、五五成方、五五成包、五五成串”，即通称的“五五摆放”原则。

露天存放大堆材料，砖要按丁堆垛，瓦和方砖要立放，砂石要集中堆高，水泥要按规格、品种、批号整齐堆垛，便于计量检查。构件存放要有垫木，支架分类存放要放平放稳。

此外，对危险品如炸药、雷管、有毒物品以及特殊贵重物资要隔离存放，专库专柜存放。

（3）账卡管理。账卡管理是一种识别性记录，它准确反映实物的流转情况，同时标出各种物品的最低存量和订购点。账卡分类应始终一致，以便检索和领发、购进、存放的登记。材料账卡要定期清理结算，对多余材料要定期处置。

2．材料验收

材料验收应以购买合同为依据，检验到达货物的名称、规格、数量、日期、质量、价格。验收后在卖方发货凭据上签收，然后按货物的种类分类登账、立卡，并将有关的复印件转交统计、财务部门。

验收时，发现数量不足必须核实补齐，发现质量不合格要及时退货。由此而产生的费用应由供货方承担，如果无法如期补、退，应一方面采取补救措施，另一方面交涉索赔事宜。

3．各类材料的管理（ABC 分类法）

ABC 分类法又称重点管理法或分类管理法。其基本原理是将所有材料按其不同特点划分为 ABC 三类，并采取不同的管理措施。

A 类材料是指品种少（一般占总品种数 10%～20%左右），但耗用量大，占用资金最大（一般占 70%～80%左右）。此类材料应作为管理的重点控制对象。

C 类材料是指品种多（一般占 70%～80%左右），耗用量小，占用资金少（10%～20%左右），对此类材料作一般管理即可。

B 类材料是介于 A 与 C 两类之间的材料，此类材料应作为次要管理对象进行管理。

4．材料的现场管理

（1）根据施工总平面图的规划，做好材料的堆放和工地临时仓库的建造。要求做到材料存放要方便施工，避免和减少场内二次运输。

（2）按材料计划分期分批组织材料进货。要求严格实行“四验”制度，即验品种、验规格、验质量、验数量。

（3）组织材料集中预加工，扩大成品供应。节约现场临时设施和施工用地，有利于改变施工现场面貌，实行文明施工。

（4）坚持限额领（发、送）料。要求工地对班组、工序实行严格的领（发、送）料制度，并实行节约预扣，余料退库制度。

（5）回收和利用废旧物资，合理采用旧用品，实行交旧（废）领新制、包装回收奖励制。

（6）加强材料消耗考核，避免竣工算总账、超耗无法挽回。要采取各种措施降低材料消耗、采购价格、采购保管费用，建立健全材料台账、表、卡、单等原始记录，加强材料成本核算。

（7）清理现场，回收整理余料，做到工完场清。

子单元 4　项目机械设备管理

8.4.1　施工项目机械设备管理的内容和任务

1．施工项目机械设备管理的内容

机械设备管理的具体内容包括：正确地选择和合理使用机械；搞好机械设备的维护、保养、检查和修理工作；建立和健全机械设备管理制度。

2．施工项目机械设备管理的任务

机械设备管理的主要任务是：贯彻执行国家有关技术经济决策；通过有效的技术、经济和组织措施，对机械设备进行综合管理，做到全面规划、合理配置、择优选购、正确使用、精心维护、安全运行；改善和提高项目的技术装备素质，充分发挥机械设备的效能，取得良好的投资效益。

8.4.2　施工项目机械设备的选择和使用

1．机械设备的选择

选择机械设备应遵循确实需要、实际可能、经济合理的原则。

确实需要是指选用的机械设备的技术性能要与工程的特点、施工条件、施工方法和工期要求相适应。否则，不是施工受影响，就是机械效率不能得到充分发挥。

实际可能是指选择机械设备必须从实际出发，施工机械应该是已有的或在一定时间内有条件取得的。否则，即使选择的机械非常理想，但在要求的时间内不可能获得，也会影响项目的进度。

经济合理是要求选择的机械设备，能以较少的投入获得最大的产出。在选择机械设备时，应提出多种可行方案，然后进行经济比较，从中选出最优方案。

2．机械设备的合理使用

（1）人机固定，实行机械使用、保养责任制。凡施工中使用的机械设备，应定机定人对机械设备的使用和保养负责。把机械设备的使用效益和个人经济利益联系起来。

（2）持证上岗。专机的专门操作人员，必须经过培训并经主管部门统一考试，确认合格，持证上岗，无证人员不得操作机械设备，否则作为严重违章事故处理。

（3）操作人员必须坚持搞好机械设备的例行保养。操作人员在开机前、使用中和停机后，必须按规定的项目和要求，对机械设备进行检查和例行保养，使机械设备处于良好状态。

（4）严格按机械设备的规定使用。机械设备在新出厂或大修后的使用初期，对操作提出了一些特殊的规定和要求，机械设备在使用时必须严格遵守这些规定和要求。按规定使用可以防止机件早期磨损，延长机械使用寿命和修理周期。

（5）成本核算制。确定机械设备生产率、消耗费用，并按标准进行考核，根据考核结果进行奖惩。

（6）建立设备档案。档案应包括原始技术文件、交接登记、运转记录、维修记录、事故分析和技术改造资料等。

（7）合理组织机械施工。在安排施工计划时，必须充分考虑机械设备的维修时间，在使用与维修发生矛盾时，应坚持“先维修、后使用”，严禁设备带病运转和拼设备等短期行为的发生。

8.4.3　施工项目机械设备的保养和维修

1．机械设备的保养

机械设备保养的目的是为了保持机械设备的良好技术状态，提高运转的可靠性和安全性，减少零件磨耗，延长机械设备的使用寿命，提高机械施工的经济效益。

保养又分为例行保养和强制保养。

例行保养属于正常使用管理工作，不占用机械设备的运转时间，由操作人员在机械运转前、后和中间进行。例行保养的主要内容是：保持机械的清洁，检查运转情况，防止机械腐蚀，按技术要求润滑，紧固易松脱的螺栓，调整各部位不正常的行程和间隙。

强制保养是指隔一定周期，需要占用机械设备的运转时间，而停工进行的保养。强制保养按一定的周期和内容分级进行。保养周期根据各类机械设备的磨损纪律、作业条件、操作水平以及经济性四个主要因素确定。

2．机械设备修理

机械设备的修理是对机械设备的自然损耗进行修复，排除机械运行故障，更换零件。机械设备修理分大、中、小修三种。

大修是对机械设备进行全面的解体检查修理，保证各零部件质量和配合要求。

中修是大修间隔期间对少数总成进行大修的一次性平衡修理，对其他不进行大修的总成只执行检查保养。

小修一般是临时安排的修理，其目的是消除操作人员无力排除的突然故障、个别零件损坏或一般事故性损坏等问题。

8.4.4 施工项目机械设备的技术经济指标

1．考核机械设备效率的指标

（1）装备生产率。装备生产率是报告期完成的建安施工产值与设备净值的比值，反映设备投资后在施工中创造价值量的大小。其计算公式为

$$装备生产率=\frac{完成建安施工产值（元）}{机械设备净值（元）}$$

（2）机械设备效率。机械设备效率可反映机械设备生产能力的发挥情况。其计算公式为

$$机械设备效率=\frac{报告期机械设备实际完成总产量}{报告期机械设备平均总能力}$$

2．考核机械设备管理水平的指标

（1）机械设备完好率。机械设备完好率是反映报告期内机械设备技术状况和维修管理情况的指标。其计算公式为

$$日历完好率=\frac{报告期机械设备完好台日数}{报告期日历台数}\times 100\%$$

$$制度完好率=\frac{报告期机械设备制度好台日数}{报告期制度台日数}\times 100\%$$

（2）机械设备利用率。机械设备利用率是反映报告期内对机械设备利用情况的指标。其计算公式为

$$日历利用率=\frac{报告期机械设备实作台日数}{报告期日历台数}\times 100\%$$

$$制度完好率=\frac{报告期机械设备实作台日数}{报告期制度台日数}\times 100\%$$

通过对上述指标的分析考核，能反映使用机械设备效益的高低。这些指标互相密切联系在一起。装备生产率和机械效率是反映机械使用效率的关键性指标，机械设备的管理要围绕提高机械使用效率进行。

子单元5　施工项目技术管理

8.5.1　施工项目技术管理的任务

施工项目技术管理是对施工项目全过程各项技术活动和技术工作的各种要素进行科学管理的总称。施工项目的技术管理既不同于一般的企业技术管理，也不同于一般的施工技术管理，而是工程施工项目全系统、全过程的技术管理，是施工项目成败的关键。施工项目技术管理的主要任务是正确贯彻党和国家的路线、方针、技术政策和有关法规（标准、规范、规程等），运用现代化的管理思想、方法和手段，科学地组织管理项目各个阶段的各项技术工作，充分发挥技术人员和现有物质技术条件的作用，建立良好的施工、生产秩序，使整个工程建设项目始终在一定的技术要求和技术标准的控制下进行，安全、优质、低耗、高效地完成施工项目的目标。

8.5.2　施工项目技术管理的内容

（1）企业技术管理基础工作。这部分工作是企业的经常性工作。只要企业存在，有生产经营活动，这些工作就存在。如科研与新技术推广管理、材料与施工试验管理、技术质量问题处理管理、技术档案管理等，这些管理工作一般由企业职能部门负责，项目经理部配合。

（2）项目经理部在施工过程中的基本技术管理工作。这部分工作是阶段性的工作，只有当项目经理部存在，有施工生产活动时，这部分工作才会发生。如设计文件与勘测资料管理、图纸会审管理、工程洽商及设计变更管理、项目管理实施规划与季节性施工方案管理、计量与测量管理等。这些工作由项目经理部完成。

8.5.3　施工项目技术管理

1．建立施工项目技术岗位管理

为实施施工项目的技术管理就必须建立施工项目技术管理责任制。明确技术人员的责任和权限，完成各自担负的技术任务。明确项目技术负责人为责任人，落实各职能人员的职务、责任、权利和义务。明确工作流程和各职能人员之间的配合关系，负责协调体系内的工作和业绩考核工作。

一般施工项目技术组织结构为：施工项目技术负责人、专业工程师。

（1）项目技术负责人的主要职责

1）全面负责技术工作和技术管理工作。

2）贯彻执行国家的技术政策、技术标准、技术规程、验收规范和技术管理制度等。

3）组织编制技术措施纲要及技术工作总结。

4）领导开展技术革新活动，审定重大的技术革新、技术改造和合理化建议。

5）组织编制和实施科技发展规划、技术革新计划和技术措施计划。

6）参加重点和大型工程三结合设计方案的讨论，组织编制和审批施工组织设计和重大施工方案，组织技术交底和参加竣工验收。

7）主持技术会议，审定签发技术规定、技术文件，处理重大施工技术问题。

8）领导技术培训工作，审批技术培训计划。

9）其他技术工作。

（2）专业工程师的主要职责

1）主持编制施工组织设计和施工方案，审批单位工程的施工方案。

2）主持图纸会审和工程的技术交底。

3）组织技术人员学习和贯彻执行各项技术政策、技术规程、规范、标准和各项技术管理制度。

4）组织制定保证工程质量和安全的技术措施，主持主要工程的质量检查，处理施工质量和施工技术问题。

5）负责技术总结，汇总竣工资料及原始技术凭证。

6）编制专业的技术革新计划，负责专业的技术革新计划，负责专业的科技情报、技术革新、技术改造和合理化建议，对专业的科技成果组织鉴定。

2．施工项目技术管理

施工项目技术管理制度是项目经理部运用系统的观点、理论和方法，对施工项目的技术要素和技术活动过程进行的计划、组织、监督、控制等全过程、全方位的管理，要求项目经理部相关人员共同遵守的办事规程。施工项目技术管理制度应将涉及技术管理范畴的技术要素和技术活动过程一一明确，将管理职能逐一分配到人；明确工作内容和责任，明确横向配合关系，按计划时间、质量标准完成；明确过程中的检查、协调，记录完成情况并进行考核。

（1）图纸会审。图纸会审是一项极其严肃和重要的技术工作。认真做好图纸会审，对于减少施工中的差错，保证和提高工程质量，有重要的作用。

在图纸会审之前，施工单位必须组织有关人员学习施工图纸，熟悉图纸的内容要求和特点，并由设计单位进行图纸交底，以达到弄清设计意图，发现问题，消灭差错的目的。

图纸会审工作必须有组织、有领导、有步骤地进行，并按工程的性质、规模大小、重要程度、特殊要求，分级组织。

图纸会审工作应由建设单位负责组织设计、土建、机械化施工、设备安装等专业施工单位参加。图纸会审的程序，应该是先分别学习，后集体会审；先专业单位自审，后由设计、施工、建设单位共同会审。

图纸会审的要点主要是设计计算的假定和采用的处理方法是否符合实际情况，施工时有无足够的稳定性，对安全施工有无影响，地基处理和基础设计有无问题；地基钻探图是否明确；建筑、结构、设备安装之间有无矛盾；图纸及说明是否齐全、清楚、明确、有无矛盾；推行新技术及特殊工程和复杂设备的技术可能性和必要性等。

图纸经过学习、审查后，应由组织审查的单位，将会审中提出的问题，以及解决办法，详细记录，写成正式文件（必要时由设计单位另出修改图纸）列入工程档案。

在施工过程中，发现图纸仍有差错或者与实际情况不符，或施工条件、材料规格、品种、质量不能完全符合设计要求，以及职工提出合理化建议等原因，需要进行施工图的修改时，必须严格执行设计变更签证制度。

在施工过程中施工单位提出的设计变更，由施工单位填写施工技术问题核定单，经建设单位、设计单位同意后，方得进行。如果设计变更的内容对建设规模、投资等方面影响较大，必须报请原批准单位同意。对工人、材料、工程影响较大的需经工区、公司同意后，统一由施工队办理签证手续。所有的设计变更资料，包括设计变更通知，修改图纸等，均需有文字记录，纳入工程档案，作为施工和竣工决算的依据。

（2）工程洽商

1）凡施工过程中遇到做法的变动、材料代用或施工条件发生变动等情况，均应通过工程洽商予以解决。为纠正施工图中的错误也可用洽商解决。工程洽商是施工图的补充，与施工图有同等作用。

2）工程洽商由项目技术负责人经办，但对影响主要结构、建筑标准、增减工程内容的洽商，应由公司总工程师出面与设计单位达成协议，由设计单位出施工图。

3）工程洽商必须签字齐全。属施工图变更洽商，要有建设、设计、监理和施工单位签字。洽商文件办完后，必须及时转发给项目部预算员、资料员，并上报公司经营部门和技术部门。

（3）施工组织设计

1）施工组织设计是指导拟建工程项目进行施工准备和施工的全局性技术经济文件，是编制施工计划、施工方案、工程预算、组织施工和实现科学管理的重要依据。新建、改建、扩建的建筑物和构筑物以及市政工程均要编制施工组织设计。

2）严格执行建设程序，确保施工方案的实施；充分利用空间及时间，科学合理地安排施工工序；组织流水作业施工，提高合同履约率；认真执行施工技术规范、规程、规定、标准，采用新技术、新工艺、新材料，贯彻执行企业“工法”。

3）充分发挥本企业优势，不断提高机械化、工厂化、标准化施工水平，减轻劳动强度，提高劳动生产率，在保证工程质量和安全生产、文明施工的同时，节约资源、降低工程成本。

4）施工总平面图按基础施工、主体施工、装修施工三个阶段编制。编制施工总平面图时应尽可能使用周边永久性建筑设施，节约施工现场用地，合理储存物资。

5）充分考虑施工对周围环境的影响，在降低噪声、减少扰民、控制扬尘、环境绿化、能源利用、交通运输等方面采取相应的技术措施。

6）技术负责人必须组织施工人员认真学习施工组织设计，并遵照执行。施工组织设计和施工方案必须经过审批。对擅自改动、违反施工组织设计和施工方案造成损失的单位或责任人，追究其责任。施工组织设计内容需要变动的，应经公司总工同意并重新审批。

（4）技术交底

1）技术交底的目的是明确交底人和接受交底人的责任，使参加施工的负责人、工程技术员、作业班组，明确所担负的任务或项目的特点及技术要求、质量标准、安全措施，以便更好的组织施工。

2）技术交底必须在单位工程图纸综合会审的基础上进行，要在开始作业前完成，并为施工留出准备时间。

3）技术交底以书面形式进行，加以口头解释。交底人和接受交底人履行交接签字手续，并存档妥善保管。

（5）工程测量

1）工程测量是做好施工技术准备，确保工程质量的主要环节。项目部必须由持证上岗的专业人员负责测量工作。测量人员必须执行测量规范要求及工作程序。

2）施工前认真熟悉设计图纸，根据移交的测量资料做好复测工作，施工中认真控制测量精度，做好记录。完工后做好竣工测量。做到及时准确的提出测量成果，以满足施工和竣工验收的需要，并做好原始记录。施测人员坚持签字制度，不得随意涂改和损坏工程测量原始资料和测量成果。资料应整理存档。

（6）试验管理

1）试验人员必须持证上岗，无证不得从事试验工作。

2）结合工程实际情况及时委托原材料试验，提出各种配合比申请，根据现场实际情况调整配合比。各种原材料的取样方法、数量必须按照现行标准规范执行。委托各种原材料试验，必须填写委托试验单。委托试验单的填写必须项目齐全、字迹清楚、不得涂改。项目内容包括：材料名称、产品牌号、产地、品种、规格、样品数量、使用单位、出厂日期、进场日期、试件编号、要求试验项目。

3）随机抽取施工过程中的混凝土、砂浆拌合物，制作施工强度检验试块。试块制作时必须有试块制作记录。试块必须按单位工程连续统一编号，试块应在成型 24h 后用墨笔注明委托单位、制模日期、工程名称及部位、强度等级及试件编号。凡需在标养室养护的试块，立即做好标准养护，并做好干湿度记录。

4）及时索取试验报告单，转交给工地技术负责人。

5）用统计方法分析现场施工的混凝土、砂浆强度及原材料的情况。

6）在砂浆和混凝土施工时，要预先测定砂石含水率，在技术负责人的指导下，计算和发布每盘配合比，并填写混凝土开盘鉴定表，记录现场环境温度和试块养护温湿度。

7）委托试验结果不合格，要按规定送样进行复试，复试仍不合格，应将试验结论报告技术负责人，及时研究处理方法。

（7）冬、雨期施工

1）冬期施工

① 项目部要在冬期到来以前编制好冬期施工方案，报公司技术部门审核，公司总工程师审批，批准后实施。

② 冬期到来前要做好外加剂购进计划，由公司采购部门取得样品，转公司技术部门负责试验，并写出质量报告后，方可购进使用。

③ 技术部门必须做好冬期施工特殊工种的培训工作，培训合格后方可上岗，且要在冬期施工前完成。

④ 现场要做好搅拌站的封闭，封闭材料要保证防寒要求，搅拌站入冬前必须准备好加热水箱和锅炉等设备。

⑤ 由公司设备部门与劳动局联系，做好冬期施工锅炉的年检，并做出安全鉴定。

⑥ 施工现场要做好各种露明水管、消火栓的保温工作。

2）雨期施工

① 为保证雨期施工的工程质量和施工安全，施工前要认真编制雨期施工方案，报公司技术部门审核，公司总工审批，批准后实施。

② 雨期施工期间，要随时掌握气象情况，重大吊装、高空作业、大体积混凝土浇筑等都要先了解气象预报，确保作业安全和保证混凝土质量。

（8）技术资料管理

技术资料是指在施工过程中，存档的各种图样、表格、文字、技术交底、变更、洽商等资料。技术资料是评定施工单位的重要依据，也是评定工程质量、竣工核验的重要依据。

1）施工审批手续，包括开工审批手续、地质勘探报告、施工许可证。

2）施工组织设计、施工方案、设计方案审批手续，及在审批当中检查的各种记录。

3）施工技术交底，本公司实行谁交底谁负责的原则。

4）原材料、半成品、成品出厂质量证明、检验报告。

5）施工试验记录。

6）施工记录。

7）工程预检记录。

8）隐蔽工程验收记录。

9）结构验收证明。

10）工程变更洽商。

（9）质量评定

1）分项工程质量验收评定

① 验收程序和组织：检验批及分项工程应由监理工程师（建设单位项目技术负责人）组织施工单位项目专业质量（技术）负责人等进行验收。

② 检验批合格质量应符合下列规定：主控项目和一般项目的质量经抽样检验合格。具有完整的施工操作依据、质量检查记录。

③ 分项工程质量验收合格应符合下列规定：分项工程所含的检验批均应符合合格质量的规定。分项工程所含的检验批的质量验收记录应完整。

检验批、分项工程达不到要求的处理：

① 经返工重作或更换器具、设备的检验批，应重新进行验收。

② 经有资质的检测单位检测鉴定能够达到设计要求的检验批，应予以验收。

③ 经有资质的检测单位检测达不到设计要求，但经原设计单位核算认可能够满足结构安全和使用功能的检验批，可予以验收。

④ 经返修或加固处理的分项工程虽然改变外形尺寸但仍能满足安全使用要求，可按技术处理方案和协商文件进行验收。

2）分部工程质量验收评定

① 验收程序和组织：分部工程应由总监理工程师（建设单位项目负责人）组织施工单位项目负责人和技术、质量负责人等进行验收；地基与基础、主体结构分部工程的勘察、设计单位工程项目负责人和施工单位技术、质量部门负责人也应参加相关分部工程验收。

② 分部（子分部）工程所含分项工程的质量均应验收合格。

③ 质量控制资料应完整。

④ 地基与基础、主体结构和设备安装等分部工程有关安全及功能的检验和抽样检测结果应符合有关规定。

⑤ 观感质量验收应符合要求。

分部工程达不到要求的处理：

① 经返工重作或更换器具、设备的分部工程，应重新进行验收。

② 经有资质的检测单位检测鉴定能够达到设计要求的分部工程，应予以验收。

③ 经有资质的检测单位检测达不到设计要求，但经原设计单位核算认可能够满足结构安全和使用功能的分部工程，可予以验收。

④ 经返修或加固处理的分部工程虽然改变外形尺寸但仍能满足安全使用要求，可按技术处理方案和协商文件进行验收。

⑤ 通过返修或加固处理仍不能满足安全使用要求的分部工程严禁验收。

3）单位工程质量验收评定

验收程序和组织：单位工程完工后，施工单位应自行组织有关人员进行检查评定，并向建设单位提交工程验收报告。建设单位收到工程验收报告后，应由建设单位（项目）负责人组织施工（含分包单位）、设计、监理等单位（项目）负责人进行单位（子单位）工程验收。单位工程有分包单位施工时，分包单位对所承包的工程项目应按建筑工程施工质量验收统一标准规定的程序检查评定，总包单位应派人参加。分包工程完成后，应将工程有关资料交总包单位。

单位（子单位）工程质量验收合格应符合下列规定：

① 单位（子单位）工程所含分部（子分部）工程的质量均应验收合格。

② 质量控制资料应完整。

③ 单位（子单位）工程所含分部工程有关安全和功能的检测资料应完整。

④ 主要功能项目的抽查结果应符合相关专业质量验收规范的规定。

⑤ 观感质量验收应符合要求。

单位工程达不到要求的处理：

① 经返工重作或更换器具、设备的单位工程，应重新进行验收。

② 经有资质的检测单位检测鉴定能够达到设计要求的单位工程，应予以验收。

③ 经有资质的检测单位检测达不到设计要求，但经原设计单位核算认可能够满足结构安全和使用功能的单位工程，可予以验收。

④ 经返修或加固处理的单位工程虽然改变外形尺寸但仍能满足安全使用要求，可按技术处理方案和协商文件进行验收。

⑤ 通过返修或加固处理后仍不能满足安全使用要求的单位工程严禁验收。

4）验收。当参加验收各方对工程质量验收意见不一致时，可请当地建设行政主管部门或工程质量监督机构协调处理。单位工程质量验收合格后，建设单位应在规定时间内将工程竣工验收报告和有关文件，报建设行政管理部门备案。

（10）竣工资料。

子单元 6　施工项目资金管理

8.6.1　资金概念、构成及运转

资金是指企业占用和支配的财产物资的价值形态，是企业生产经营活动的前提条件和物质基础。

施工企业的资金按其周转方式分为固定资金、流动资金和按特定用途建立的各种专项资

金，统称经营资金。

固定资金包括房屋及建筑物、施工机械、运输设备、生产设备等固定资产。

流动资金包括：

（1）货币资金。银行贷款、现金等。

（2）储备资金。主要材料构件、机械配件、其他材料、低值易耗品、周转材料等。

（3）生产资金。未完施工、辅助生产产品、待摊费用等。

（4）成品资金。建筑产品、成品等。

（5）结算资金。应收工程款、备用金等。

专项资金包括专项存款、专用物资储备、各项工程支出等。

施工企业的资金运转过程是一个由流通领域进入生产领域，再由生产领域回到流通领域的循环过程，具体表现为资金的筹集与投入、资金的使用与耗费、资金的回收与分配三个阶段。

8.6.2 固定资金、流动资金、专项资金

1．固定资金

固定资金是用于购置厂房、机械设备等主要劳动手段的资金，是固定资产的货币表现。它的价值是按其磨损程度逐渐地分次地转移到产品成本中。

固定资金管理能正确反映固定资产的增减变化，保证和监督固定资产的完整无损；促进固定资产的合理使用，不断提高固定资金的运用效益；正确计算和提存固定资产折旧、保证固定资产补偿有正常的资金来源。

2．流动资金

流动资金是购置劳动对象和支付职工劳动报酬及其他生产周转费用所垫支的资金。流动资金的实物形态是流动资产。一般地说，流动资产的使用价值和价值是一次转移到产品中去的，流动资金与固定资金的根本区别就在于此。

流动资金管理的任务在于保证和满足正常的施工生产必需的流动资金，合理和节约使用流动资金；加速流动资金周转，以最少的流动资金来满足生产的需要。

3．专项资金

专项资金是指企业根据国家规定建立起来的具有特定来源和专门用途的资金。

8.6.3 施工项目资金收支计划

项目经理部根据施工合同、承包造价、施工进度计划、施工项目成本计划、物资供应计划等编制项目年、季、月度资金收支计划，上报企业财务部门审批后实施，使项目资金运营处于受控状态。

1．项目资金计划的内容

项目资金计划包括收入方和支出方两部分。收入方包括项目本期工程款回收、向公司内部银行借款以及月初项目的银行存款。支出方包括项目本期支付的各项工料费用、上缴利税基金及上级管理费、归还公司内部银行借款以及月末项目银行存款。

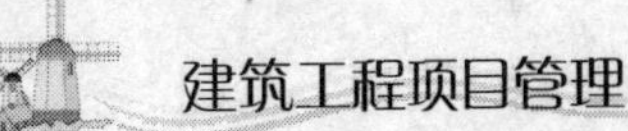

2．年、季、月度资金收支计划的编制

为保证工程项目顺利施工，保证充分的经济支付能力，稳定队伍，提高职工生活，顺利完成各项税费基金的上缴，必须认真编制年、季、月度资金收支计划。

8.6.4 施工项目资金使用管理

承包人应在财务部门设立项目专用账号，由财务部门进行项目资金的收支预测，统一对外收支与结算。项目经理负责项目资金的使用管理。

1．建立内部银行

企业内部银行即内部各核算单位的结算中心，要按照商业银行运行机制，为企业内部各核算单位开立专用账号，核算各单位货币资金收支，把企业的一切资金收支和内部单位的存贷款业务，都纳入内部银行。内部银行本着对存款单位负责、谁账户的款谁用、不许透支、存款有息、借款付息、违章罚款的原则，实行金融市场化管理。

企业内部银行同时又要行使企业财务管理职能，进行项目资金的收支预测，统一对外收支与结算，统一对外办理贷款筹集资金和内部单位的资金借款，并负责组织好企业内部各单位利税和费用上缴等工作，发挥企业内部的资金调控管理职能。

内部银行市场化管理和企业财务管理调控职能，两者是相辅相成的，要既能体现项目经理部在资金管理上的责权利，又能在公司财务部门调控管理下统一运行，充分发挥项目经理部资金管理的积极性，从而有利于收好工程款，用好资金，提高效益。

2．建立健全项目资金管理责任制

首要的是建立健全项目资金管理责任制，明确项目资金的使用管理由项目经理负责，项目经理部财务人员牵头协调组织日常工作，做到统一管理、归口负责、业务交接对口，建立责任制，明确项目预算员、计划员、统计员、材料员、劳动定额员等有关人员的资金管理职责和权限。

3．提高资金利用的途径

（1）切实有效地利用现有固定资产。大型机械设备尽量使用原有设备，或租赁方式由企业内部加强平衡调度来解决。

（2）选择最佳施工方案。根据施工项目工艺特点，在挖潜、革新、改造等方面下功夫，选择投入少、收效高的方案。做到技术先进，使用方便，经济合理。

（3）充分发挥机械设备的设计能力。适当增加负荷，提高使用强度。如提高工作班次系数，在施工高峰时，改一班制为二班制等。

（4）在保证施工生产正常进行的情况下，压缩非生产性固定资产比重，提高生产性固定资产比重；压缩间接参加施工的固定资产比重，提高直接参加施工的固定资产比重。

（5）在保证生产需要的前提下，尽量减少材料储备资金的占用。

（6）缩短工程施工周期和附属企业生产周期及成品储备期，加速资金的周转。

（7）及时进行工程结算，做好竣工决算和各项物资的清理工作，尽可能降低成品资金的占用。

（8）尽量压缩备用金额，及时清理各项债权债务，减少工程拖欠款。

（9）制订和完善流动资金管理办法，通过限额用款计划，控制开支，从各方面节约资金

的使用。

（10）实行流动资金的有偿占用制度和分级归口管理。

单元小结

建筑工程项目生产要素的管理是指施工企业承包一项工程，必须有与之相适应的人力、财力、物力作保证。如果没有一定数量的管理、技术人员和作业队伍，没有相配套的设备机具等施工手段，没有足够的资金支付能力，没有构成工程实体的钢材、水泥、木材及各种建筑材料，施工生产就无法进行，也就谈不上按项目管理的要求组织施工。而对施工项目生产要素的管理，也就是在研究掌握各种生产要素的特点和规律的基础上，通过计划、组织、控制、协调等手段来支配生产要素，来达到项目管理的技术经济要求。

思考与拓展

1．如何做好一个材料员？一个材料员应具备哪些条件？
2．人力资源管理中人的素质不同，如何才能使企业员工同心协力为企业工作？
3．建筑工程技术交底常有哪些技术交底的方法？

训练题

1．施工项目生产要素管理的内容包括（　　）。
A．人力资源管理　　B．材料管理
C．机械设备管理　　D．技术和资金管理

2．材料管理的任务是（　　）。
A．适时、适地　　B．按质　　C．按量　　D．成套齐备

3．材料储备由（　　）组成。
A．经常储备　　B．保险储备　　C．季节性储备　　D．一般储备

4．仓库管理的主要工作有（　　）。
A．安全管理　　B．库容管理　　C．账卡管理　　D．一般管理

5．机械设备修理包括（　　）。
A．大修　　B．中修　　C．小修　　D．一般

6．保养分为（　　）。
A．例行保养　　B．强制保养　　C．一般保养　　D．特殊保养

7．流动资金包括（　　）。
A．货币资金　　B．储备资金
C．生产资金　　D．成品资金、结算资金

单元9　建筑工程项目沟通管理

学习目标：

1. 掌握协调、沟通、冲突的概念。
2. 了解项目经理部内（外）部关系的沟通方法。
3. 会运用所学知识编制沟通计划。

重点难点：

本单元的重点是协调、沟通、冲突。在实际工作中不可能不发生矛盾，通过沟通使人们行为一致，减少摩擦和对抗，化解矛盾。建立和保持较好的团队精神，使人们积极地为项目工作。编制一个切实可行的沟通计划，使得项目经理与有关人员之间经常沟通，就会使工作更加顺利。

子单元1　建筑工程项目沟通协调概述

9.1.1　建筑工程项目协调

1. 协调的概念

协调是使两个或两个以上的单位（部门）及其人员配合适当、步调一致的行为过程，是各种关系显现和谐、适应、互补、统一等状态的过程。

项目组织协调是项目的一项重要工作，一个项目的实施要取得成功，组织协调发挥重要作用。组织协调可使矛盾着的各个方面居于统一体中，解决它们之间的不一致和矛盾，使系统结构均衡，使项目实施和运行过程顺利。在项目实施过程中，项目经理是协调的中心和沟通的桥梁。

2. 协调的性质

协调的性质包括以下方面：

（1）普遍性。协调活动存在于项目的一切管理活动中，存在于项目管理活动的全过程之中。

（2）主动性。由于项目的一次性以及项目的独特性，每一项目所需要协调的内容都是全新的，这要求项目的管理者有高度的责任心，发现问题主动协调各方，使所协调的问题迅速解决。

（3）及时性。及时发现问题，及时解决，防止矛盾激化，减少项目的损失。

（4）妥善性。对需协调的问题要妥善解决。

（5）简捷性。协调工作，方法要简捷，切实可行。

（6）满意性。通过协调，不仅要使问题得到解决，还要使有关方面感到满意。

3．组织协调的内容

组织协调应分为内部关系协调、近外层关系的协调和远外层关系的协调。组织协调的内容应根据在施工项目运行的不同阶段中出现的主要矛盾作动态调整。

（1）人际关系协调包括协调施工项目组织内部的人际关系以及协调施工项目组织与有关联单位的人际关系。协调对象应是相关工作结合部中人与人之间在管理工作中的联系和矛盾。

（2）组织机构关系应包括协调项目经理部与企业管理层及劳务作业层之间的关系。

（3）供求关系应包括企业物资供应部门与项目经理部及生产要素供需单位之间的关系。

（4）配合关系。包括建设、监理、设计、分包、本公司、上级等关联单位之间的关系。

9.1.2 建筑工程项目沟通

1．沟通的概念

沟通是信息的传递与理解的过程。它包含两方面的内容：一是信息的传递，沟通必须是信息的发送者将信息或想法传送到接受者，否则沟通就没有发生；二是传递的信息要被接收方理解，如果接收方不能理解其所接收到的信息，同样意味着沟通无效。

2．沟通的作用和目的

（1）让总目标明确，使项目参加者对项目的总目标达成共识。沟通的目的是要化解组织之间的矛盾和争执，以便在行动上协调一致，共同完成项目的总目标。

（2）使各种人、各方面互相了解、理解，建立和保持较好的团队精神，使人们积极地为项目工作。

（3）组织成员目标不同，容易产生组织矛盾和障碍。通过沟通使人们行为一致，减少摩擦和对抗，化解矛盾，达到一个较高的组织效率。

（4）保持项目的目标、结构、计划、设计、实施状况的透明性，当项目出现困难时，通过沟通使大家有信心、有准备、齐心协力，共同克服困难。

3．沟通的方式

沟通有多种途径，如口头沟通、文字沟通（包括书面和屏幕形式）及音频、视频沟通（包括远程通信）等。

（1）口头沟通。这是运用最为广泛的沟通方式。它是一种个人交流思想、内容和情感的方式。双方平等交换意见，达到相互之间的理解。但这种沟通方式也存在问题，不同的词对不同的人有不同的意义。不同的语音语调使意思变得复杂，不利于意思的传递。意思会因人的态度、意愿和感知而被误解、扭曲。所以沟通者双方必须思想一致。

（2）文字沟通。这种沟通方式是传递信息非常有价值的工具，特别是在面对很多人传递同一信息而还需要永久存档时，这种方法特别有用。在一个有数千名职员的大型组织中，文字沟通可能是最方便的沟通途径。人们有白纸黑字作为行动的依据就很放心。从参考资料的目的出发，书面文字更是不可缺少的。这就是为什么书面沟通是管理工作核心的原因。

（3）音频、视频、通信沟通。通过高度发达、高效的通信、音频、视频辅助设施来使沟通变得更为有效，这种现象近年来日益增多。视觉感知是影响思想的一个很有潜力的工具。

4. 沟通的复杂性

由于项目组织和项目组织行为的特殊性，使得在现代工程项目中沟通十分困难。组织沟通的复杂性在于：

（1）现代工程项目规模越来越大，参加单位多，造成每个参加者沟通面大，各人都存在着复杂的联系，需要复杂的沟通网络。

（2）现代工程项目技术的复杂、新工艺的使用和专业化、社会化的分工，以及项目管理的综合性和人们的专业化分工的矛盾等都增加了交流和沟通难度。

（3）由于各参加者（如业主、项目经理、技术人员、承包商）有不同的利益、动机和兴趣，且有不同的出发点，对项目有不同的期望和要求，对目标和目的性的认识更不相同，因此项目目标与他们的关联性各不相同，造成了行为动机的不一致。

（4）由于项目是一次性的，项目组织都是新的成员、新的形象、新的任务，所以项目的组织摩擦就大且多。

（5）项目是一个新的系统，它会对外部周边组织（如政府机关、周边居民等）以及其他参与者产生影响，需要他们改变行为方式和习惯，适应并接受新的结构和过程。这必然容易产生对抗。

（6）不同层次、不同国家的人们的语言习惯对沟通产生影响，特别在国际合作项目中，会产生相当大的沟通障碍。

子单元 2 工程项目的沟通

9.2.1 工程项目的内部沟通

1. 人际关系的沟通

项目经理所领导的项目经理部是项目组织的领导核心。通常项目经理不直接控制资源和具体工作，而是由项目经理部中的职能人员实施控制，这就使得项目经理和职能人员之间及各职能人员之间存在协调。他们之间应有良好的工作关系，应当经常沟通。

在项目经理部内部的沟通中，项目经理起核心作用，如何协调各职能部门，激励项目经理部成员，是项目经理的重要工作。内部人际关系的协调应依据各项制度，通过做好思想工作，加强教育培训，提高人员素质等方法来实现。

项目经理部成员的来源与角色是复杂的，有不同的专业目标和兴趣，有的专职为本项目工作，有的以原职能部门工作为主。因此项目经理对不同的人员应采取不同的沟通方法。

（1）项目经理与技术专家的沟通。技术专家往往对建筑施工了解较少，只注意技术方案，注重数字，对技术的可行性过于乐观，而对施工的难度、可能性不太关心，项目经理应积极引导，提高技术人员注重全局、综合方案的能力。

（2）建立完善的项目管理沟通系统，明确规定项目沟通的方式、渠道和时间，使大家按程序、按规则办事。

（3）加强项目部成员自身素质修养，养成人人平等、互相关心、同舟共济的思想管理模式。

1）采用民主的工作作风，不独断专行。在项目经理部内放权，让成员独立工作，充分发挥他们的积极性和创造性，使他们对工作有成就感。

2）改进工作关系，关心各个成员，礼貌待人。鼓励大家协同工作，一起制定工作计划，倾听他们的意见、建议。建立互相信任、和谐的工作模式。

3）公开、公平、公正地处理事务。对分配的工作任务，严格按项目目标责任书中的规定，公平进行奖励；客观、公正地反馈；对上层的指令，快速地传达给项目成员和相关职能部门；遇到问题或危机时鼓励大家协同解决，同舟共济。

4）在向上级和职能部门提交报告中如实反映对于项目组织成员的评价和鉴定意见，项目结束时应对成绩显著的成员进行表彰，使他们有成就感。

（4）项目内对外单位接触的管理人员应相对稳定。各成员之间相互熟悉，彼此了解，可大大减小组织摩擦。

（5）职能人员的双重忠诚问题。项目成员如在职能部门保持专业职位，同时为项目提供管理服务。这种双重身份要求他对项目和对职能部门都忠诚，这是项目成功的必要条件。

（6）建立公平、公正的考评体系。定期、客观、慎重地对成员进行业绩考评，按目标责任书中的规定进行奖罚。

2．项目经理部与企业管理层关系的沟通

项目经理部与企业管理层关系的协调应严格按照“项目管理目标责任书”执行，在党务、行政和生产管理上，根据企业党委和经理的指令以及企业管理制度来进行。项目经理部接受企业有关职能部门、处室的领导，二者既是上下级行政关系，又是服务与被服务、监督与执行的关系。企业要对项目管理全过程进行必要的监督调控；项目经理部则要按照与企业签订的责任状，尽职尽责、全力以赴地抓好项目的具体实施。在经济往来上，根据企业法定代表人与项目经理签订的“项目管理目标责任书”严格履约按实结算，建立双方平等的经济责任关系；在业务管理上，项目经理部作为企业内部项目的管理层，接受企业职能部门、处室的业务指导和服务。一切统计报表，包括技术、质量、预算、定额、工资、外包队的使用计划及各种资料都要按系统管理和有关规定准时报送主管部门。

3．项目经理部内部供求关系的沟通

（1）供求计划的沟通。劳务、原材料、设备等资源的供求是比较重要的一个环节，如果出现问题直接影响项目的实施进度总体目标的实现。为了确保供求关系的和谐，要编制切实可行的供应计划，做好采购准备工作，使用部门应加强与供应部门的联系。在计划实施过程中，双方严格执行计划，如遇到实际需求与供应计划出现偏差时，以项目管理的总目标和供需合同为原则做好使用平衡工作，确保目标不受影响。如出现偏差，应积极准备或积极处理，按应急方案处理，尽快纠正偏差。

（2）加强调度工作，确保项目的供应畅通。在供求关系的协调工作中，调度工作是关键环节。在供求关系出现问题时，对供和求的合理调整和平衡工作由调度人员来进行。调度人员应充分了解使用环节的轻重缓急，按此要求提前做好预测，及时准备。另外，调度人员也应充分了解市场，预测市场的波动，对计划供求的资源，提前做好准备。

9.2.2 施工项目近外层关系和远外层关系的沟通

1．项目经理部与业主之间的沟通

业主代表项目的所有者，对项目具有特殊的权力，而项目经理为业主管理项目，必须服从业主的决策、指令。项目经理的最重要的职责是保证业主满意。要取得项目的成功，必须获得业主的支持。

（1）项目经理首先要理解业主对项目的意图。项目经理应主动与业主沟通，了解项目的目标要求，制定切实可行的管理计划。对未能参加项目决策过程的项目经理，必须了解项目的基础、起因、出发点，了解目标设计和决策背景。否则，制定的目标任务可能与业主相反，业主将会干预。所以项目经理必须花大力气来研究业主的观点和要求，制定业主满意的方案，以实现业主的意图。

（2）业主应对项目经理交底。业主将项目前期策划和决策过程、实施意图向项目经理作全面的说明和解释，使项目经理了解业主意图。项目管理者越早进入项目，项目实施越顺利。最好能让项目管理者参与目标设计和决策过程。

（3）业主参与项目，但不干预项目。让业主知道项目和项目实施的过程，减少非程序干预和越级指挥，防止业主内部人员随便干预项目，或将业主内部矛盾、冲突带入到项目中。让业主了解承包商、了解自己非法程序干预的后果。业主对项目的参与能加深业主对项目过程和困难的认识，让他积极地为项目提供帮助，使决策更为科学和符合实际。另一方面，项目管理者无权拒绝业主的干预。项目经理要考虑到发包人的期望、习惯和价值观，了解业主所面临的压力，及对项目的关注焦点。尊重业主，及时向业主提供项目信息，让业主了解项目的面貌、项目实施状况、方案的利弊得失及对目标的影响。双方对项目理解得越深，双方期望越清楚，争执就越少，反之业主就会成为一个干扰因素，给项目管理者带来很多麻烦。

（4）项目实施中指令的单一性。业主所属部门或合资者各方同时来指导项目，这是非常棘手的问题。项目经理应很好地倾听这些人的意见，对他们作耐心的解释和说明，但不应当让他们直接指导实施和指挥项目组织成员，干预和具体指导项目。否则，会有严重损害整个工程实施效果的危险。

总之，项目经理部与业主之间的关系协调贯穿于施工项目管理的全过程。协调的目的是搞好协作，协调的方法是执行合同。双方尽量减少摩擦争吵，使双方按合同的约定完成项目。

2．项目经理部与监理机构关系的沟通

项目经理部应及时向监理机构提供有关生产计划、统计资料、工程事故报告，接受监理单位的监督和管理，搞好协作配合。项目经理部应充分了解监理工作的性质、原则，尊重监理人员，对其工作积极配合，始终坚持双方目标一致的原则，并积极主动处理工作。在合作过程中，项目经理部应注意现场签证工作，遇到设计变更、材料改变或特殊工艺以及隐蔽工程等应及时得到监理人员的认可，并形成书面材料，尽量减少与监理人员的摩擦。项目经理部应严格地组织施工，避免在施工中出现敏感问题。一旦与监理意见不一致时，双方应以进一步合作为前提，在相互理解、相互配合的原则下进行协商，项目经理部应尊重监理人员或监理机构的最后决定权。

3．项目经理部与设计单位关系的沟通

项目经理部应在设计交底、图纸会审、设计洽商、变更、地基处理、隐蔽工程验收和交工验收等环节中与设计单位密切配合，同时应接受业主和监理工程师对双方的协调。项目经理部应注重与设计单位的沟通，对设计中存在的问题应主动与设计单位磋商，积极支持设计单位的工作，同时也争取设计单位的支持。项目经理部在设计交底和图纸会审工作中应与设计单位进行深层次交流，准确把握设计意图，对设计与施工不吻合或设计中的隐含问题应及

时予以澄清和落实。对于一些争议问题，应充分利用业主和监理单位，避免正面冲突。

4．项目经理部与政府部门的沟通

根据我国行业管理的规定、法规、法律，政府的各个行业主管部门（如发改委、规划局、土地局、园林局、交通局、供电局、电信局、建委、消防局、人防办、节水办、街道办等），均会对项目的实施行使不同的审批权或管理权。如何与政府的各行业主管部门进行充分、有效的组织沟通，将直接影响项目建设各项目标的实现。项目经理与政府主管部门沟通时，应注意以下几点：

（1）应充分了解、掌握政府各行业主管部门的法律、法规、规定的要求和相应办事程序，在沟通前应提前做好相应的准备工作（如文件、资料和要回答的问题）。

（2）充分尊重政府行业主管部门的办事程序、要求，遇到问题时必须先进行沟通，决不能顶撞和敷衍。

（3）发挥不同人员的关系和特长，不同的政府主管部门由不同的专人负责协调，以保持稳定的沟通渠道和良好的协调效果。

子单元3 工程项目沟通计划

9.3.1 项目沟通计划编制的依据

项目沟通计划的编制应由项目经理主持，其编制的依据有：

1．合同文件

合同中明确各参与方的权利和义务，具体规定了参与者何时、何地、如何履行合同，它是沟通计划的编制依据，也是参与者的最高行为准则。

2．项目的组织结构

工程项目的承发包模式的不同决定了项目组织结构不同。在总承包模式下，设计与施工之间的沟通是组织内部的沟通，其沟通可通过发布命令进行；在施工承包模式下，设计与施工的沟通为组织外部沟通，其沟通需要通过协商进行。

3．沟通需求

项目沟通需求是指所有的项目利益相关者在项目实施过程中所要达到的目的，把精力放在适合项目并能为项目的成功与决策带来帮助和支持的信息需求上，避免将资源和精力放在不必要的信息需求上。

4．项目的实际情况

每一项目的单一性决定了项目在实施过程中，因实施情况各不相同，沟通的内容、方法、渠道等也不会相同，故每一项目都应根据实际情况编制沟通计划。

5．沟通技术

沟通计划是对项目全过程中的沟通方法、渠道等进行的安排，各种沟通技术在项目沟通计划编制中都可以考虑选用。对一个项目可能只有一个沟通技术才能获得最有效的沟通，因此只有选择一个最佳的沟通技术，才能避免走弯路。

6. 沟通条件

在沟通计划编制中，要有约束条件。沟通计划编制时，必须对这些因素进行考虑，以发现它们可能影响项目沟通的方面，并采取相应的措施。任何沟通都要受到内部或外部的影响，任何工作不可能不受到各方面的限制。

9.3.2 项目沟通管理计划的主要内容

项目沟通管理计划包括以下主要内容：

（1）信息沟通的方式和渠道。说明信息从何处、用何种方法收集。

（2）信息收集的归档格式。说明用何种方法存储不同类型的信息。

（3）信息发布的方式和渠道。说明各种信息（如进度计划、技术文件等）以何种方式发布。

（4）信息的发布与使用权限。

（5）发布信息的详细说明。包括对信息的内容、格式、详细程度、信息来源等方面的说明。

（6）信息的发布时间。说明何时进行何种沟通。

（7）随时更新和修订沟通管理计划。项目沟通计划编制工作是贯穿于项目全过程的一项工作。随着项目的进展需要对沟通管理计划进行更新修订。

（8）约束条件和假设前提。假设前提和约束条件是存在的，如果发生变化，就应该对沟通管理计划进行修订。

9.3.3 施工项目沟通管理计划的编制

项目沟通管理计划编制主要包括以下几个步骤：

1. 项目沟通计划编制的前期准备工作

项目沟通计划编制的前期准备工作主要是确定项目的沟通需求，也就是对确定沟通需求所需要的信息进行收集和加工，包括明确项目沟通的约束条件和假设前提。

2. 项目沟通计划的编制工作

在确定项目沟通需求后，可以开始项目沟通计划的编制工作，具体包括：确定项目沟通的目标；根据目标和沟通需求确定项目沟通的各项任务；根据项目沟通的时间和频率要求安排项目沟通的任务；确定保障项目沟通的资源需求和预算。

3. 项目沟通计划编制的目标

项目沟通计划编制完成后，就可以输出目标，用于指导和规范项目团队的沟通管理工作。

9.3.4 沟通管理计划实施的监督

沟通管理计划是规定项目沟通管理的文件。对沟通管理计划在实施过程中要进行监督。通过监督，可使项目团队成员及时了解项目沟通管理计划的变化状况；使项目的管理层掌握项目沟通管理最新情况；为项目沟通管理计划的调整决策提供依据。对沟通管理计划的实施进行监督的内容一般包括：

（1）同沟通管理计划相比，沟通工作完成的情况。包括各项沟通工作是否按时完成，质量如何等。

（2）在沟通管理过程中，实际完成的工作的复杂程度是比原计划复杂或是简单。

（3）在沟通管理过程中，监督项目的利益相关者执行项目沟通管理计划的态度。

（4）在沟通管理过程中，项目成员只有密切配合、协调工作，才能保证项目沟通管理计划顺利实施。

子单元4 施工项目沟通管理中的有关问题

9.4.1 沟通障碍

由于某种原因传递的信息不能像预期的那样在沟通过程中顺畅地传递，就说明沟通过程中存在着障碍。沟通过程的障碍有：

（1）发送者方面可能的障碍。信息发送者可能用了不恰当的符号或表达不清自己的思想意思，或出现了技术上的错误，或者使用了矛盾的语言导致别人误解，或只传递结论缺少成立条件，从而造成信息沟通的障碍。

（2）沟通过程中可能的障碍。沟通过程中的障碍可能由于媒介选择与信息信号选择不匹配而导致无法有效传递，或信息传递渠道过差、过长、负荷过重等导致信息传递失误，或信息传递不及时，导致信息无使用价值，从而使接受者无法在规定的时间内获取有效价值的信息而造成障碍。

（3）接受者方面的障碍。接受者在接收信息时因自身的原因造成沟通中的障碍。接受者在接收信息过程中，由于自身原因导致接受信息不完整，或者接受者自身的价值观、理念不同于他人导致对信息意思的曲解，都有可能导致信息沟通过程中出现这样那样的障碍。

（4）反馈过程中的障碍。沟通过程中的障碍是不可避免的，因此建立一个信息反馈渠道以便参与者的沟通更为有效。反馈过程中可能出现的障碍有：反馈渠道本身设置问题、反馈过程中传递技术和编译码问题等。

9.4.2 消除沟通障碍的方法

1．挑选适宜的沟通渠道

沟通渠道分正式沟通渠道和非正式沟通渠道。项目组织中大部分工作任务的沟通是通过正式沟通渠道进行的，它比较规范，沟通效果好。而有关感情和情绪问题的沟通常采用非正式沟通渠道传递。

2．充分利用反馈

许多沟通问题的产生是由于沟通双方的信息反馈机制不通畅造成的。信息发送者只要能充分利用信息反馈，及时了解信息接受者的接收效果，就可以及时发现并排除沟通中的障碍，使信息最终能按预期要求传递出去。

3．组织沟通检查

项目经理制定了相应的沟通计划后，在项目实施过程中，要对沟通计划的实施情况进行检查。通过检查，一方面督促相关方按规定的要求进行沟通，另一方面可以发现沟通中的问题，对沟通计划加以补充、调整。

4．灵活运用各种沟通方式

项目组织在选择沟通方式时，应根据所需沟通的内容、范围、时间要求，以及沟通成本等具体考虑，灵活应用，以确保沟通的准确、及时、高效、低耗。

5．其他方法

（1）选择合适的语言与文字。选择恰当的语言和文字，尽量使用通俗易懂的语言，使对方更易于接收和理解，避免产生误解。

（2）选择适当的时间和场合。不适当的时间和场合将不利于信息的正确传递和交流，因此必须选择适当的沟通时间和场合。

（3）多渠道沟通。对于重要的信息，要采取多渠道重复传送，以减少传送中的失真。

（4）适当进行重复。对重点内容有意识地加以重复以引起对方的注意和重视。

（5）营造信赖和诚实的组织氛围。良好的组织氛围和值得信赖的合作关系，为沟通创造了条件，不容易产生障碍，易达成一致。

9.4.3 冲突管理

1．冲突的概念

所谓冲突是指各个利益主体内部或主体之间由于利益、目标等的差异通过沟通无法达成一致而导致的一种对立情形。

冲突在项目中普遍存在，项目冲突是项目组织的必然产物。对于项目内部成员之间的冲突，如果处理不当，会造成成员之间的互相猜疑和误解，从而消减集体的战斗力。冲突也有其有利的一面，它可以将问题及早地暴露出来，使项目团队去寻求解决的方法，激发成员的积极性和创造性。

2．常见的冲突

（1）项目目标的冲突。项目目标的冲突是组织目标与组织成员目标的冲突，指每位成员对项目目标的理解不一致，使项目的目标系统出现冲突。例如，同时过度要求压缩工期、降低成本、提高质量标准。

（2）技术问题冲突。在项目中存在技术上的矛盾。各专业对工艺方案、设备方案、施工方案的设计和理解存在不一致，建筑造型与结构之间存在矛盾等。

（3）项目成员间的冲突。在项目的进行中，项目成员在项目的管理中，人与人之间、团队与团队之间在一些问题上发生分歧。

（4）成本冲突。在项目的进程中，经常会产生计划成本与实施所需成本之间的冲突。这种冲突多发生在客户和项目团队之间、管理层和执行成员之间。

（5）管理程序冲突。在项目管理中，如决策、计划、管理之间方式方法的冲突。

（6）优先权问题。优先权问题带来的冲突主要是指工作活动的优先顺序和资源分配的先后顺序。

3．正确对待冲突

在实际工程中，组织冲突普遍存在，不可避免，而且丰富多样。在项目的整个过程中，项目经理要花大量的时间处理冲突并进一步解决冲突，这已成为项目经理的日常工作。

组织冲突是一个复杂的问题，它会导致关系紧张和意见分歧。通常争吵是冲突的表现形式。若产生激烈的冲突，以致形成尖锐的对立，这就造成组织摩擦、能量的损耗和低效率。

在现代管理中，没有冲突不代表没有矛盾。有时表面上没有争吵，但问题却潜在地存在着或转入地下，如果没有正确的引导就会导致更激烈的冲突。一个组织适度的冲突是有利的，没有冲突，过于融洽，则没有生气和活力，可能导致没有竞争，没有优化。

正确的方法不是宣布不许冲突或让冲突自己消亡，而是通过冲突发现问题，暴露矛盾，从而获得新的信息，然后通过积极的引导和沟通达成一致，化解矛盾。

对冲突的处理首先决定于项目管理者的性格及对冲突的认识程度。领导者要有效地管理冲突，有意识引起冲突，通过冲突引起讨论和沟通；通过详细的协商，以求平衡和满足各方面的利益，达到项目目标的最优解决。

4. 冲突的解决方式

对于冲突既不能回避，也不能贸然行事，而要想方设法协调、控制、解决冲突。解决冲突应遵循“具体问题具体分析”的原则，采取有效的方法去解决。

（1）协商。协商即冲突的双方通过谈判、协商达成一致来解决彼此间的冲突。双方公开自己的观点，阐明各自的意见，寻找解决冲突的途径。通过协商冲突双方在一定程度上都得到满意。

（2）妥协。冲突一方放弃自己的主张和要求，同意对方的观点或满足对方的要求。

（3）回避或撤出。回避是不问冲突的原因而允许冲突存在下去，使矛盾不致激化。撤出是指让卷入冲突的项目成员从这一状态中撤离出来，从而避免发生实质的或潜在的争端。

（4）竞争或强制。它的实质就是“非赢即输”。认为在冲突中获胜要比保持人际关系更为重要。

（5）缓和或调停。它的实质是“求同存异”。通过调解或相互的了解，在不伤害成员之间感情的情况下，冲突双方忽视差异，在冲突中找出一致的方面。

（6）正视。直接面对冲突，让团队成员直接正视问题、正视冲突，要求得到一种明确的结局。

单元小结

建筑工程项目沟通管理是指所有的项目利益相关者在项目实施过程中所要达到的目的，把精力放在适合项目并能为项目的成功与决策带来帮助和支持的信息需求上，避免将资源和精力放在不必要的信息需求上。当主体内部或主体之间由于利益、目标等的差异通过沟通无法达成一致而导致的一种对立情形，就会形成冲突，如果冲突处理不当，会造成成员之间的互相猜疑和误解；从而消减集体的战斗力。对于冲突既不能回避，也不能贸然行事，而要想方设法协调、控制、解决冲突。有效地管理争执，通过争执引起讨论和沟通；通过详细的协商，以求平衡和满足各方面的利益，达到项目目标的最优解决。

思考与拓展

1. 在实际工程中，冲突普遍存在，不可避免，怎样才能做到既不影响工作又不伤感情？

2. 在实际工程中，不同的团队（班组）担任不同的工作，各自都认为自己的工作重要，应优先安排资源和工作顺序。遇到此种情况应如何解决？

3．在实际工程中，什么情况下才能使用“非赢即输”这种解决问题的办法？

4．在实际工程中，什么情况下才能使用“妥协”这种解决问题的办法？

5．在实际工程中，什么情况下才能使用“回避或撤出”这种解决问题的办法？

训练题

1．协调的性质有（　　）。

A．普遍性、主动性　　B．及时性、妥善性

C．简捷性　　D．满意性

2．沟通有途径有（　　）。

A．口头沟通　　B．文字沟通　　C．音频　　D．视频沟通

3．沟通计划的编制依据有（　　）。

A．合同文件　　B．项目的组织结构和实际情况

C．沟通需求　　D．沟通的技术和条件

4．沟通过程的障碍有（　　）。

A．发送者方面可能的障碍　　B．接受者方面的障碍

C．沟通过程中可能的障碍　　D．反馈过程中的障碍

单元10 建筑工程项目后期（竣工验收）管理

学习目标：

1. 掌握施工项目竣工验收的概念。
2. 了解验收程序；施工项目的管理考核与评价。
3. 会运用所学知识组织竣工验收。

重点难点：

本单元的重点项目竣工验收、验收程序。难点是工程完工后如何对施工项目的评价。

子单元1 施工项目后期（竣工验收）阶段的管理概述

10.1.1 施工项目竣工验收的概念

1. 施工项目竣工验收

施工项目按批准的设计文件规定的全部内容完成，并达到设计要求，经检查验收合格，办理竣工验收移交手续，称为施工项目竣工验收。

项目竣工验收与试运行阶段是项目生命周期的最后阶段，是检验项目管理成败和项目目标实现程度的关键阶段，也是工程项目从实施到运行使用的衔接转换阶段。对于业主，本阶段关系到其期望目标能否实现，项目能否正常投入运行；对于承包商，本阶段关系到其项目能否正常通过验收并实现其经济目标。

项目竣工验收是国家全面考核项目建设成果、检验设计及施工质量、确认项目管理水平、总结项目管理经验的重要环节。项目能否取得良好的宏观效益，需经过有关部门的检验认可，而竣工验收就是对项目各建设成果唯一的正式确认，也是对项目技术水平和管理水平的一次总考核。

项目竣工验收是业主全面检验项目目标实现程度，运用合同约束力督促项目有关各方履约，并就工程质量进行审查认可的关键阶段。它不仅关系到业主在项目建设期间的经济利益，也关系到项目投产后的运行使用效果和业主的长远利益。竣工验收可以督促承包商抓紧收尾工程，通过验收和试生产发现隐患，消除隐患，实现项目从建设到运行阶段的自然过渡，为项目正常运转、迅速达到设计能力创造良好条件。

项目竣工验收阶段是承包商对所承担项目接受业主全面检验、按合同全面履行义务、按完成工程量收取工程价款、配合业主组织好试生产并办理竣工移交手续的过程。

在这个阶段，承包商既有主动接受甲方检验与监督的义务，又有依法索取报酬的权力。

项目竣工验收阶段既是建设期的结束，又是生产期的开始；既有大量严格的检验验收，又有双方严密的衔接配合；既容易产生利益上的冲突，又要严格按合同依法履约。因此，本阶段尽管工作量不大，但协调难度较大，合同事务、财务结算等具体工作比较琐碎，需引起充分注意。

2．施工项目竣工验收的条件

（1）符合有关法律、法规。

（2）设计文件和合同约定的各项施工内容已经施工完毕。

（3）有完整并经核定的工程竣工资料，符合验收规范。

（4）有勘察、设计、施工、监理等单位签署确定的工程质量合格文件。

（5）有工程使用的主要建筑材料、构配件和设备进场的证明及试验报告。

（6）有施工单位签署的质量保修证书。

3．项目经理在竣工验收阶段的职责

（1）制订好竣工计划。组织有关人员根据合同的规定，在认真清查的基础上，对丢项、漏项限期解决，全面落实竣工计划。

（2）安排好收尾工作。主要内容有：对已完成的项目和部位，进行查封保护；对有生产工艺设备的工程项目，组织进行设备的单体试车、无负荷联动试车；对电气线路、上水和下水管线、暖气管线及其他各种管线进行检查与负荷试验；对材料、工具和各种物质进行回收处理；拆除施工现场的各种临时设施和各种临时管线，清理施工现场等。

（3）组织有关人员做好竣工验收的准备工作。主要内容有：绘制竣工图；编制工程档案资料；进行竣工结算；准备工程质量评定资料，主要是各个施工阶段质量检查评定、隐蔽工程验收记录、生产工艺设备调试及运转记录、吊装及试压记录，以及工程质量事故情况和处理结果等资料；准备工程竣工报告、竣工验收证明书和保修书等。

（4）领导施工项目内部小结。对整个施工项目进行工期、质量和成本分析。

（5）领导并组织竣工自检。

（6）贯彻执行工程的回访保修制度。

10.1.2 施工项目竣工验收的管理

1．竣工验收准备工作

项目经理是项目管理的总负责人，应当全面负责施工项目竣工验收前的各项收尾工作，加强项目竣工验收前的施工组织与管理。项目经理要从大局出发，小处着手，认真反复核对施工图和工程预算项目，把漏项列入竣工收尾计划，下达到作业层，指定专人负责，督促完成并组织验收。

施工项目竣工验收的准备工作主要有以下内容：

（1）工程技术档案资料的整理。工程档案资料是建设工程的永久性技术资料，是施工项

目进行竣工验收的主要依据，也是建设工程施工情况最为重要的记录。因此，档案资料的准备必须符合有关规定及规范的要求，必须做到准确、齐全，能够满足建设工程进行维修、改造、扩建时的需要。

竣工资料的内容包括：工程施工技术资料、工程质量保证资料、工程检验评定资料、竣工图以及规定的其他应交资料。

（2）竣工自检。在项目经理的组织领导下，由生产、技术、质量、预算、合同和有关的工长或施工员组成预验小组。根据国家或地区主管部门规定的竣工标准、施工图和设计要求、国家或地区规定的质量标准和要求，对竣工项目逐一进行全面检查。预验小组成员按照自己所主管的内容进行自验，并做好记录，对不符合要求的部位和项目，要制定修补处理措施和标准，并限期改正。施工单位在自验的基础上，对已查出的问题全部修补处理完毕后，项目经理应报请上级再进行复验，为正式验收做好充分准备。

（3）绘制竣工图。竣工图是工程竣工验收的主要文件，施工项目在竣工前，必须及时组织有关人员进行测绘，以保证工程档案的完备和满足维修、管理、改造或扩建的需要。因此竣工图必须做到准确、完整，并符合长期归档保存要求。

1）竣工图编制的依据：施工中未变更的原施工图、设计变更通知书、工程联系单、施工变更洽商记录、施工放样资料、隐蔽工程记录和工程质量检查记录等原始资料。

2）竣工图编制的内容要求：

① 施工过程中未发生设计变更，按图施工的施工项目，应由施工单位负责在原施工图纸上加盖“竣工图”标志，可作为竣工图使用。

② 施工过程有一般性设计变更，但没有较大结构性的或重要管线等方面的设计变更，而且可以在原施工图上进行个别补充时，可不再绘制新图纸，由施工单位在原施工图纸上注明个别补充后的实际情况，并附以设计变更通知书、设计变更记录和施工说明。然后加盖“竣工图”标志，亦可作为竣工图使用。

③ 施工过程中凡发生重大变更或全部修改的，不宜在原施工图上修改或补充时，应重新绘制实测改变后的竣工图，施工单位负责在新图上加盖“竣工图”标志，并附上记录和说明作为竣工图。

竣工图必须做到与竣工的工程实际情况完全吻合，不论是原施工图还是新绘制的竣工图，都必须是新图纸，必须保证绘制质量，完全符合技术档案的要求，坚持竣工图的核、校、审制度。重新绘制的竣工图，一定要经过施工单位主要技术负责人的审核签字。

（4）进行工程设施与设备的试运转和试验准备工作。一般包括：安排各种设施、设备的试运转和考核计划；编制各运转系统的操作规程；对各种工艺设备、电气、仪表、设备做全面的检查和检验；对单体设备的性能、参数进行单体运转和考核；进行电气工程全负荷试验，管网工程的试水、试压试验等。

2．施工项目验收

施工单位在自检完成，确认工程项目全部符合验收标准，并具备了交付使用的条件后，即可开始正式竣工验收工作。一般由业主邀请设计单位、勘察单位、监理单位、各地方质检部门及有关方面参加，同施工单位一起进行检查验收。国家的重点建设项目，往往由国家有关部委邀请有关方面人员参加，组成工程验收委员会进行验收。验收合格后，即可将工程正式移交业主使用。竣工验收工作按以下程序进行：

（1）发送竣工验收通知。由施工单位向业主发送竣工验收申请通知书。通知书内容主要是：通报承建工程竣工的项目及日期，并邀请建设单位组织有关人员在约定的日期前往验收。

（2）工程验收。验收的工作程序一般分为单项工程验收及全部验收两个阶段进行。

1）单项工程验收指建设项目中一个单项工程，按设计图纸的内容和要求建成，并能够满足生产或使用要求，达到竣工标准时，可单独整理有关施工技术资料及试车记录等，进行工程质量评定，组织竣工验收和办理固定资产转移手续。

2）全部验收指整个建设项目按设计要求全部建成，并符合竣工验收标准时，组织竣工验收，办理工程档案移交及工程保修等移交手续。在全部验收时，对已验收的单项工程不再办理验收手续。

（3）进行工程质量评定和签字。验收小组或验收委员会，根据设计图纸和设计文件的要求，以及国家规定的工程质量检验标准，提出验收意见，在确认工程符合竣工标准和合同条款规定之后，应向施工单位签发竣工验收证明书。

（4）移交工程技术档案资料。工程技术档案资料是建设项目施工情况的重要记录，工程竣工后，应立即将全部工程技术资料按单位工程分类立卷，装订成册，然后列出工程档案资料移交清单，注明资料编号、专业、档案资料内容、页数及附注。双方按清单上所列资料，查点清楚，移交后双方在移交清单上签字盖章。移交清单一式两份，双方各自保存一份，以备查对。

（5）办理工程移交手续。工程验收完毕，施工单位要向建设单位逐项办理工程和固定资产移交手续，并签署交接验收证书和工程保修证书。最后，由施工单位提出工程决算，经建设单位审查无误后，双方共同办理结算签认手续。

3．施工项目结算

（1）施工项目的结算。施工项目结算是指施工项目实施过程中，项目经理部与建设单位进行的工程进度款结算与竣工验收后的最终结算。结算的主体是施工方，结算的目的是施工单位向建设单位索要工程款，实现商品“销售”。

施工项目结算的主要依据是施工单位与建设单位签订的工程承包合同中规定的工程造价、工程开工及竣工日期、材料供应方式、工程价款结算方式，还有施工进度计划、施工图预算及国家关于工程结算的有关规定等。结算方式有：

① 按月结算。

② 竣工后一次结算。

③ 分段结算。

④ 结算双方按约定结算。

（2）竣工结算书。一个单位工程或单项工程完工，并经建设单位及有关部门验收后，由施工单位提出，并经业主审核签认，以表达该项工程造价为主要内容，并作为结算工程价款依据的经济文件，叫工程竣工结算书。竣工结算书一般包括下列内容：

1）单位工程（如道路工程、桥梁工程、综合管道工程等）竣工结算书。

2）单项工程竣工结算书。

3）建设项目竣工结算书。

4）竣工结算说明书。

工程竣工结算书一般以施工单位的预算部门为主，依照有关规定进行编制，并经建设单位审核同意后，通过建设银行办理结算。办理竣工结算主要有三个作用：

一是通过办理工程竣工结算，对计划统计部门来说可以确定市政或建筑安装工作量和工程实物量的完成情况。

二是通过办理竣工结算，对施工单位来说可以准确地计算和确定工程最终造价，并据此通过建设银行与建设单位进行结算，以完结建设单位和施工单位之间的合同关系和经济责任。

三是为施工单位确定工程的最终收入，进行经济核算和考核工程成本提供依据。

子单元 2　施工项目管理的考核和评价

10.2.1　施工项目管理考核和评价的概念

项目管理考核和评价是对项目管理行为、项目管理效果以及项目管理目标实现程度的检验和评定。通过考核评价工作，使得项目管理人员能够正确地认识自己的工作水平和业绩，并且能够进一步地总结经验、找出差距、吸取教训，从而提高企业的项目管理水平和管理人员的素质。

10.2.2　施工项目的全面考核评价

全面考核是对施工项目实施的各个方面都作分析，从而综合评价施工项目的效益和管理效果。全面考核的评价指标包含以下内容：

① 实际工期：工期提前或拖后，指实际工期与合同工期或定额工期的差数。

② 质量评定等级：指单位工程质量等级。

③ 利润：指承包价与实际成本的差数。

④ 产值利润率：指利润与承包价的比值。

⑤ 劳动生产率：指工程承包价与实际用工日数的比值

⑥ 材料消耗：包括三材（钢筋、木材、水泥）节约数和材料成本降低率。

⑦ 机械消耗：包括机械完好率、利用率及施工项目机械成本降低率。

⑧ 劳动消耗：包括单方用工、劳动效率、节约工日。

$$单方用工=实际用工（日）/面积（m^2）$$

$$劳动效率=预算用工（工日）/实际用工（工日）\times 100\%$$

$$节约工日=预算用工（工日）-实际用工（工日）$$

10.2.3　施工项目的单项考核评价

施工项目单项分析的内容主要是工期、质量和成本。

1. 工期分析

工期分析主要根据合同和施工总进度计划，从以下几方面进行总结分析：

（1）对工程项目建设总工期、单位工程工期、分部工程工期和分项工程工期，以计划工期同实际完成工期进行分析对比，并对各主要施工阶段工期控制进行分析。

（2）检查施工方案是否先进、合理、经济，并能有效地保证工期。

（3）分析检查工程项目的均衡施工情况、各分项工程协作及各主要工种工序的搭接情况。

（4）劳动组织、工种结构和各种施工机械的配置是否合理，是否达到定额水平。

（5）各项技术措施和安全措施的实施情况，是否能满足施工的需要。

（6）各种原材料、预制构件、仪器仪表、机具设备、各类管线和加工订货的实际供应情况。

（7）关于新工艺、新技术、新结构、新材料和新设备的应用情况及效果评价。

（8）其他分析。

2. 质量分析

质量分析主要根据设计要求和国家规定的质量检验标准，从以下几方面进行总结分析：

（1）按国家规定的标准，评定工程质量达到的等级。

（2）对隐蔽工程、主体结构、装饰装修和设备安装工程等进行质量分析。

（3）对重大质量事故进行总结分析。

（4）各项质量保证措施的实施情况及质量责任制的执行情况。

（5）其他分析。

3. 成本分析

成本分析主要根据承包合同、国家和企业有关成本核算及管理办法，从以下几方面进行对比分析：

（1）总收入和总支出的对比分析。

（2）计划成本和实际成本的对比分析。

（3）人工成本和劳动生产率的对比分析。

（4）材料、物质耗用量和定额预算的对比分析。

（5）其他分析。

单元小结

项目竣工验收是国家全面考核项目建设成果、检验设计及施工质量、确认项目管理水平、总结项目管理经验的重要环节。竣工验收不仅关系到业主在项目建设期间的经济利益，也关系到项目投产后的运行使用效果和业主的长远利益。竣工验收可以督促承包商抓紧收尾工程，通过验收和试生产发现、消除隐患，实现项目从建设到运行阶段的自然过渡，为项目正常运转、迅速达到设计能力创造良好条件。因此必须按照验收程序进行。

思考与拓展

1. 单位工程验收由谁组织，有哪些单位、哪些人员参加？

2．单位工程完工后由谁组织验收，由什么人参加对该工程完成情况的评价？

训练题

1．竣工资料的内容包括（　　）。

A．工程施工技术资料　　B．工程质量保证资料

C．工程检验评定资料　　D．竣工图和规定的其他应交资料

2．竣工结算书一般包括（　　）。

A．单位工程竣工结算书　　B．单项工程综合结算书

C．建设项目竣工结算书　　D．竣工结算说明书

3．施工项目单项分析的内容包括（　　）。

A．工期　　B．质量　　C．成本　　D．安全

单元 11　建筑工程项目风险管理

学习目标：

1. 掌握风险的概念。
2. 了解风险的管理、风险的识别。
3. 会运用所学知识对风险进行防范。

重点难点：

本单元的重点是风险的概念。风险具有隐蔽性，而人们常常容易被一些表面现象迷惑，或被一些细小利益所引诱而看不到内在的风险。风险管理的难点是风险的识别和风险的防范。

子单元 1　工程项目风险管理概述

11.1.1　风险

1. 风险的概念

人们对任何未来的结果不可能完全预料，实际结果与主观预料之间的差异就构成了风险。

2. 风险的分类

风险按不同的角度、根据不同的标准划分如下：

（1）按风险后果划分

① 纯粹风险。不能带来机会、无获得利益可能的风险，叫纯粹风险。纯粹风险只有两种可能的后果：造成损失和不造成损失。

② 投机风险。既可能带来机会、获得利益，又隐含威胁、造成损失的风险，叫投机风险。投机风险有三种可能的后果：造成损失、不造成损失和获得利益。

（2）按风险来源划分

① 自然风险。由于自然力的作用，造成财产毁损或人员伤亡的风险属于自然风险。

② 人为风险。人为风险是指由于人的活动而带来的风险。人为风险又可以细分为行为、经济、技术、政治和组织风险等。

11.1.2　工程项目风险

1. 工程项目风险的概念

工程项目在实施运行过程中，都有可能产生变化，使得原定的计划方案受到干扰，目标

不能实现。这些事先不能确定的干扰因素，称之为工程项目风险。

2．工程项目风险的特点

（1）风险的多样性。在一个项目中有许多种类的风险存在，如政治风险、经济风险、法律风险、自然风险、合同风险、合作者风险等。

（2）风险的覆盖性。项目的风险不仅在实施阶段，而且隐藏在决策、设计及所有相关阶段的工作中，贯穿于整个项目的各个阶段，即风险覆盖于整个项目的各个阶段。

（3）风险的相关性。风险的影响往往不是局部的，在某一段时间风险也会随着项目的发展，其影响会逐渐扩大。

（4）风险的规律性。项目的实施有一定的规律性，所以风险的发生和影响也有一定的规律性，是可以进行预测的。

11.1.3　风险管理的内容

1．风险识别

对潜在的可能造成损失的风险识别是首要的任务，也是最困难的任务。识别风险可依靠观察、掌握有关的知识、调查研究、实地踏勘、采访或参考有关资料、听取专家意见、咨询有关法规等方法进行。

2．风险分析和评价

对已识别的风险要进行分析和评价。风险的分析与评价涉及统计与财务方法，内容涉及预测技术、总体研究、估计可能的最大损失、严重灾害分析、事故分析、灾害逻辑分析等，且要特别注意已完类似工程项目的索赔率及索赔事件严重程度的评审。

3．风险的处理

一旦风险被识别、分析、评价以及风险量被确定之后，就要考虑各种风险的处理方法。风险处理一般有下列方法：

（1）风险控制。采取措施避免风险，一旦风险发生，力争将损失减至最低限度。

（2）风险自留，或称保留风险。即风险量被确定认为不大，可以自留风险，将风险损失费用控制在项目的可控范围之内。

（3）风险转移。包括将风险转移给合同对手、第三方以及专业保险公司或其他风险投资机构等。

（4）风险监督。包括对风险发生的监督和对风险管理的监督。

子单元 2　工程项目风险的识别与分析

11.2.1　工程项目风险的识别

风险具有隐蔽性，而人们常常容易被一些表面现象迷惑，或被一些细小利益所引诱而看不到内在的风险。在实践中，人们常说的风险有三种：真风险、潜伏的风险和假风险。作为风险管理的第一步，必须首先正确识别风险，然后才能制定出相应的管理应对措施。

风险的识别一般按以下步骤进行。

（1）确认不确定性的客观存在。即辨认所发现或推测的因素是否存在不确定性，也就是确定风险存在的可能性。

（2）建立风险清单。清单中应明确列出客观存在的和潜在的各种风险，如表 11-1。

表 11-1　工程项目风险清单

风险因素		典型风险事件
技术风险	设计	设计内容不全，设计缺陷错误和遗漏，应用规范不恰当，未考虑地质条件，未考虑施工可能性等
	施工	施工工艺落后，施工技术和方案不合理，施工安全措施不当，应用新技术、新方案失败，未考虑场地情况等
	其他	工艺设计未达到先进性指标，工艺流程不合理，未考虑操作安全性等
非技术风险	自然与环境	洪水、地震、火灾、台风、雷电等不可抗拒自然力，不明的水文气象条件，复杂的工程地质条件，恶劣的气候，施工对环境的影响等
	政治法规	法律及规章的变化，战争和骚乱、罢工、经济制裁或禁运等
	经济	通货膨胀或紧缩，汇率变动，市场动荡，社会各种摊派和征费的变化，资金不到位，资金短缺等
	组织协调	业主和上级主管部门的协调，业主和设计方、施工方以及监理方的协调，业主内部的组织协调等
	合同	合同条款遗漏、表达有误、合同类型选择不当，承发包模式选择不当，索赔管理不力，合同纠纷等
	人员	业主人员、设计人员、监理人员、一般工人、技术员、管理人员的素质（能力、效率、责任心、品德）不高
	材料设备	原材料、半成品、成品或设备供货不足或拖延，数量差错或质量规格问题，特殊材料和新材料使用问题，过度损耗和浪费，施工设备供应不足、类型不配套、故障、安装失误、选型不当等

（3）建立各种风险事件并推测其结果。根据清单中风险，推测与其相关联的各种合理的可能性。

（4）对潜在风险进行重要性分析和判断。

（5）风险分类

1）费用超支风险。在施工过程中，由于通货膨胀、环境、新的规定等原因，致使工程施工的实际费用超出原来的预算。

2）工期拖延风险。在施工过程中，由于设计错误、施工能力差、自然灾害等原因致使项目不能按期建成。

3）质量风险。在施工过程中，由于原材料、构配件质量不符合要求，技术人员或操作人

员水平不高，违反操作规程等原因而产生质量问题。

4）技术风险。在施工项目中采用的技术不成熟，或采用新技术、新设备、新工艺时未掌握要点致使项目出现质量、工期、成本等问题。

5）资源风险。在项目施工中因人力、物力、财力不能按计划供应而影响项目顺利进行时造成的损失。

6）自然灾害和意外事故风险。自然灾害是指由火灾、雷电、龙卷风、洪水、暴风雨、地震、雪灾、地陷等一系列自然灾害所造成的损失。意外事故是指由人们的过失行为或侵权行为给施工项目带来的损失。

7）财务风险。由于业主经济状况不佳而拖欠工程款致使工程无法顺利进行，或由于意外使项目取得外部贷款发生困难，或已接受的贷款因利率过高而无法偿还。

(6) 建立风险目录。根据风险轻重缓急和先后发生的可能列出目录以后及时预防处理解决。

11.2.2　工程项目风险的分析

风险分析是指应用各种风险分析技术，用定性、定量或两者相结合的方式处理不确定性的过程。

1．风险分析

(1) 采集数据。首先必须采集与所要分析的风险相关的各种数据，所采集的数据必须是客观的、可统计的。

(2) 完成不确定性模型。以已经得到的有关风险的信息为基础，对风险发生的可能性和可能的结果给以明确的定量化。

(3) 对风险影响进行评价。在不同风险事件的不确定性已经模型化后，就要评价这些风险对工程项目的全面影响。

2．风险分析的主要内容

每一个风险都有自己的规律、特点、影响范围和影响量，通过分析可将它们的影响统一为成本目标的形式，按货币单位来度量，主要对以下内容进行分析和评价：

(1) 风险存在和发生的时间分析。风险可能在项目的哪个阶段、哪个环节上发生。通过分析对风险的预警有很大的作用。

(2) 风险的影响和损失分析。风险的影响是个复杂的问题，有的风险影响面较小，有的风险影响面很大，可能引起整个工程的中断或报废。

(3) 风险发生的可能性分析。研究风险自身的规律性，通常可用概率表示。

(4) 风险级别。按风险的等级来决定风险的轻重缓急。

(5) 风险的起因和可控性分析。有的风险是人力可以控制的，而有的却不可控制。有的风险是自然因素产生的，而有的是人为的。这为风险发生后，为有关责任人责任的认定提供依据。

3．风险分析说明

风险分析结果必须用文字、图表进行表达说明，作为风险管理的文档，即以文字、表格的形式作风险分析报告。

子单元3　工程项目风险的防范与处理

11.3.1　工程项目风险的防范

风险是客观存在的，防范是主观的判断。一定时期内凭经验观察，可判断出其大致规律，从而有意识地采取一些预防手段来防范。

风险贯穿于施工各个过程，因此风险防范始终贯彻于施工项目全过程中。

1．风险的可测性

风险并不是秘不可测的，它有其特定的根源、发生迹象和征兆。通过细心观察、深入分析研究、科学地推测及概率预测，预测风险可能造成的损失程度。

2．风险的普遍性

风险存在于日常生活中，因而具有普遍性。

3．风险概率的互斥性

一个事件的演变具有多种可能，而这些可能具有互斥性。例如工程项目管理可能有两种：盈利或亏损。

4．风险的可转移性

风险的可转移性是指通过保险公司投保，转移大部分风险。

5．风险的可分散性

风险的可分散性是指将风险分散给其他单位。例如，承包商又可以通过分包将工程各子项中潜伏的风险分散转移至各分包商，即可调动各方面的积极因素，克服消极因素，大家共同承担风险。

6．有些风险具有可利用性

投机风险即为典型的可利用性的风险。

11.3.2　工程项目风险的处理

1．风险的回避

风险的回避主要指在投标阶段发现招标文件中可能招致风险的问题，则应争取在合同谈判阶段，通过修改、补充合同中有关规定或条款来解决。

例如招标文件未列入调价公式，则应主动争取列入；又如招标文件中未规定延期支付的限制，则应主动提出延期支付要付利息，超过规定期限要提高利率等。

2．风险的分散

风险的分散主要指把风险转移和分散给其他单位，如联营体的合伙人、工程分包商、设

备供应商等。

例如分包工程时，可以将风险比较大的部分分包出去，将业主规定的延期损害赔偿费如数订入分包合同，将这项风险转移给分包商。

3．风险的转移

风险的转移主要指向保险公司投保，以转移大部分风险，通过付出少量的保险费，避免大的风险。一般业主在招标文件中都规定了保险的要求和范围，如整个工程保险（连同有关材料和配套设备的全部替换价格）、第三方责任险、承包商的设备保险等。此外，承包商可根据情况进行其他方面的投保以转移风险，如人身意外险、货物运输险、汽车保险，以至战争保险等。

4．控制风险损失

控制风险损失主要指在工程实施阶段注意风险因素，发现问题及时采取措施等。

5．预留风险费

即使风险采取了上述各种措施，但风险本身仍具有意外性和随机性，所以在投标报价中一定要考虑一定比例的风险费，在国内也叫不可预见费。这笔费用是对那些业已明确的潜在风险的处理预备费，这和设计时的安全系数是一样的。在工程估价中也应计入风险费。

国外工程的风险费一般在4%～6%之间。对于一个工程而言，是取高限还是取低限，取决于风险分析，也可以参照前面介绍的单纯评分比较法的分析结果加上投标人员的经验来确定。

单元小结

工程项目在实施运行过程中，都有可能产生变化，使得原定的计划方案受到干扰，目标不能实现。这些事先不能确定的干扰因素，称之为工程项目风险。风险贯穿于整个过程中，通过对风险的分析，把风险分散，把风险控制在可控范围之内。

思考与拓展

1．试举例说明国内建筑工程存在哪些风险？通货膨胀对建筑工程有无风险？

2. 试举例说明国外建筑工程存在哪些风险？国外政府更迭、汇率变化对建筑工程有无风险？

训练题

1．风险按后果划分可分为（　　）。

A．纯粹风险　　B．投机风险　　C．自然风险　　D．人为风险

2．按风险来源划分，风险可分为（　　）。

A．纯粹风险　　B．投机风险　　C．自然风险　　D．人为风险

3．工程项目风险的特点有（　　）。

A．风险的多样性　　B．风险的覆盖性

C．风险的相关性　　　　D．风险的规律性

4．风险有（　）。

A．真风险　　B．潜伏的风险　　C．假风险　　D．一般风险

5．风险的处理方法有（　　）。

A．风险控制　　B．风险自留　　C．风险转移　　D．风险监督

6．工程项目风险的处理方式有（　　）。

A．风险的回避　　　　B．风险的分散或转移

C．控制风险损失　　　　D．预留必要的风险费

单元12　施工项目信息管理

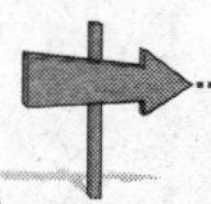

学习目标：

1. 掌握信息管理。
2. 了解工程项目管理信息系统的建立与开发。

重点难点：

本单元的重点是信息管理的概念。信息管理就是项目管理人员能及时、准确地获得进行项目规划、项目控制和项目管理所需的信息，它的难点是工程项目管理信息系统的建立与开发。

子单元1　施工项目信息管理概述

12.1.1　施工项目信息管理

1．信息

信息是经过加工后的数据，它对接收者有用，它对决策或行为有现实或潜在的价值。

2．信息管理

信息管理就是项目管理人员能及时、准确地获得进行项目规划、项目控制和项目管理所需的信息。信息管理的内容贯穿于项目的各个阶段。信息管理就是对信息进行收集、传递、加工、储存、维护和使用。

3．管理信息系统

管理信息系统是一个由人和计算机等组成的能进行信息收集、传输、加工、保存、维护和使用的系统。

4．施工项目信息管理的基本条件

项目经理部要配备必要的计算机硬件和软件、项目信息管理员，使用和开发项目信息管理系统。

12.1.2　施工项目基本信息

施工项目基本信息包括施工项目、施工管理过程中的各种数据、表格、图纸、文字、音像资料等，可分为公共信息和单位工程信息。

公共信息包括法规和部门规章制度、市场信息、自然条件信息等。

单位工程信息包括工程概况信息、施工记录信息、施工技术资料信息、工程协调信息、过程进度计划及资源计划信息、成本信息、商务信息、质量检查信息、安全文明施工及行政管理信息、交工验收信息等。

子单元 2　施工项目信息管理内容及管理系统

12.2.1　施工项目信息管理内容

施工项目信息管理包括以下内容：

（1）法规和部门规章信息。

（2）市场信息。市场信息包括材料价格表，材料供应商表，机械设备供应商表，机械设备价格表，新材料、新技术、新工艺、新管理方法信息表。

（3）自然条件信息。应建立自然条件信息表。表中至少应包括：地区、场地土的类别、年平均气温、年最高气温、年最低气温、雨季施工（×月～×月）、风季施工（×月～×月）、冬季施工（×月～×月）、年最大风力、地下水位高度、交通运输条件（优、良、中、差）、环保要求等。

（4）工程概况信息。应建立工程概况信息表，表中至少应包括：工程编号、工程名称、工程地点、建筑面积、地下层数、地上层数、结构形式、计划工期、实际工期、开工日期、竣工日期、合同质量等级、建设单位、设计单位、施工单位、监理单位等。

（5）施工记录信息。施工记录信息包括：施工日志、质量检查记录表、材料设备进场记录表等信息。

（6）施工技术资料信息

1）技术资料汇总目录表。技术资料汇总目录表至少应包括：序号、案卷题名、文字册数、文字页数、图样册数、图样页数、其他册数、其他页数、保管人、备注等。

2）技术资料分目录表。技术资料分目录表至少应包括：序号、单位工程名称、分目录名称、资料编号、资料日期、案卷题名、主题词、内容摘要、文字册数、文字页数、图样册数、图样页数、其他册数、其他页数、备注等。

（7）月施工计划表、工程统计表、材料消耗表和现金台账等。

（8）进度控制信息

包括工作进度计划表、资源计划表、资源表、完成工作分析表、WBS 作业表和 WBS 界面文件表。

（9）成本信息

承包成本表、责任目标成本表、实际成本表、降低成本计划和成本分析等管理成本信息。

（10）资源需要量计划信息。资源需要量计划信息包括劳动力需要计划表、主要材料需要计划表、构件和半成品需要量计划表、施工机械需要量计划表、设备需要量计划表、资金需要量计划表。

（11）商务信息。商务信息包括施工预算（工程量清单及其单价）、中标的投标书、合同、工程款、索赔。

（12）安全文明施工及行政管理信息。安全文明施工及行政管理信息的主要内容有安全交底、安全设施验收、安全教育、安全措施、安全处罚、安全事故、安全检查、复查整改记录、会议通知、会议记录。

（13）交工验收信息。交工验收信息的主要内容有施工项目质量合格证书、单位工程质量核定表、交工验收证明、施工技术资料移交表、施工项目结算、回访与保修等。

12.2.2　施工项目信息管理系统

施工项目信息管理系统是以施工项目为目标系统，利用计算机辅助施工项目管理的信息系统。

施工项目信息管理系统是一个针对工程项目的计算机应用软件系统，通过及时地对施工项目中数据进行收集和加工，向施工项目部门提供有关信息，支持项目管理人员确定项目规划，在项目实施过程中控制项目目标。

施工项目管理需要在项目实施过程中对产生的大量信息进行处理，为项目规划和项目控制提供所需信息。计算机在施工项目信息管理中起着重要作用，它已经成为信息处理的重要工具。施工项目信息管理工作的迅速增长，使计算机的应用范围越来越广，应用的功能也由一般的数据处理走向支持决策，逐渐形成项目信息管理系统。

1．施工项目信息管理系统的分类

施工项目信息管理系统按其数据处理的综合集成度可分为：

（1）部分程序。一个部分程序只能解决一个问题或某一部分的内容。

（2）单项软件。单项软件可以解决一个完整的问题，进行单项事务处理，其主要是模仿人工工作过程，如计算工资、编制施工图预算、进度计划编制等。

（3）软件包。一个软件包由若干个单项软件组成，它是从单项应用发展至数据共享的职能事务处理系统。例如施工项目进度管理系统，可以建立和优化进度计划，对项目资源进行安排、进度查询、跟踪比较项目进度、进度报告等。

2．施工项目信息管理系统的结构和功能

一个完整的施工项目管理系统一般主要由费用控制子系统、进度控制子系统、质量控制子系统、合同管理子系统和公用数据库所构成。

整个系统中的各个子系统与公用数据库相联系，与公用数据库进行数据传递和交换，使项目管理的各种职能任务共享共同的数据，保证数据的兼容性和一致性。

施工项目信息管理系统是一个由几个功能子系统的关联而合成的一体化的信息系统，它提供统一格式的信息，简化各种项目数据的统计和收集工作，使信息成本降低；及时全面地提供不同需要、不同浓缩度的项目信息，从而可以迅速作出分析解释，及时产生正确的控制；完整系统地保存大量的项目信息，能方便、快速地查询和综合，为项目管理决策提供信息支持；利用模型方法处理信息，预测未来，科学地进行决策。

3．施工项目信息管理系统的建立与开发

施工项目信息管理系统的开发研制是一项非常复杂的工作，它的开发周期长、耗资巨大、投入高、风险大。尤其它是以施工项目的管理系统为环境所设计的一套系统，所涉及的相关专业多，且专业需求程度高，项目管理专业人士在研制过程中起着重要作用。由于它所需大量的人力物力，施工企业无需自行开发（因为成本太大），一般情况下，施工企业对通过有关组织鉴定的软件会用就可以。

单元小结

施工项目信息包括施工项目、施工管理过程中的各种数据、表格、图纸、文字、音像资料。施工项目管理信息系统是一个针对工程项目的计算机应用软件系统，它由于所需大量的人力物力所以无需自行开发，一般情况下，施工企业对通过有关组织鉴定的软件会用就可以。

思考与拓展

1．当前网络信息发展很快，如何才能赶上信息化的步伐？

2．怎样获取施工项目信息？

训练题

1．信息管理是指对信息进行（　　）。

A．收集　　B．传递　　C．加工和储存　　D．维护和使用

2．为保证施工项目信息管理的基本条件，项目经理部必须具备的基本条件有（　　）。

A．计算机　　B．软件

C．信息管理员　　D．信息管理系统

3．项目的公共信息包括（　　）。

A．法规和部门规章制度　　B．市场信息

C．自然条件信息　　D．社会信息

4．成本信息包括（　　）。

A．承包成本表　　B．责任目标成本表

C．实际成本表　　D．降低成本计划和成本分析

5．商务信息包括（　　）。

A．施工预算　　B．中标的投标书　　C．合同　　D．工程款与索赔

附录　建筑工程项目管理案例

××公建工程建设工程项目过程管理

1．项目概论

某公建工程经上级领导机关批准，按市政府统一规划征一块地皮，建设一幢设施先进、功能齐全的公建大楼。所征用的地皮整体呈矩形，东西长，南北短，实测占地面积 4618m^2，项目设计建造一幢有一流设施和智能型系统的公建大楼，项目概况见附表 1。

附表 1　××公建工程建设工程项目概况

建筑面积	32043m^2	占地面积	4618 m^2
地上部分面积	28001m^2	地下部分建筑面积	4042 m^2
建筑用途	邮电业务	建筑特点	
地下层数	主楼地下两层，副楼一层	地下层高度	地下一层 3.9m，二层 5.1m
地上层数	24 层	地上标准层高度	3.5m
非标准层高度	4.5m	设备层高度	3.5m
±0 标高	41.15m	最大基坑深度	11.7m
附属用房用途	营业用房	建筑总高	95.2m
楼梯结构形式	梁式	建筑防火	一级
外装修作法	氟碳漆涂料、干桂花岗石	内装修作法	精装修
门窗	铝合金、胶合板	墙裙	室外花岗岩、室内木墙裙
阳台	面砖	地面	瓷砖、花岗岩
结构形式	基础结构形式	筏型基础，底板厚 2.2m	
	主体结构形式	现浇钢筋混凝土框架—剪力墙结构体系	
	屋盖结构形式	现浇预应力钢筋混凝土无梁屋盖楼板	
土质、水位	土质情况	粉质性黏土	
	地下水位	绝对标高 23m	
建筑物地基	持力层	第四层碎石层	
	地基类别	II 类	
	地基承载力	F=550kPa	

建筑物周围布置绿地，道路周边绿化，地块绿化覆盖率 23%，地块西侧设有地上机动车位，可停车 20 辆，各个配套项目已向有关单位征询，可配套解决。项目计划投资 3.9 亿人民币，建设周期 2.5 年，要求工程于 2006 年 1 月 1 日开工。

2．项目承发包

经过招投标，本项目由××建筑公司承担。××建筑公司是国营大型建筑一级施工企业，有 30 多年的施工经历，拥有先进的技术装备和高素质的管理与施工队伍，具有土木建筑、设备安装、高级装饰、道桥修筑、技术开发、混凝土构件生产、房地产开发、物资贸易等综合施工经营能力，是首批通过 GB/T 19000—ISO9000 国际质量体系认证的国内建筑企业。公司坚持走科技兴企、质量兴业之路，建立和完善现代企业制度，努力发展成为现代化的新型企业。

公司在接到项目后，按照项目经理负责制要求，内聘了该项目的项目经理，组建了项目部，对项目全过程进行管理。基于公司的实力，公司有信心也有能力把该项目建设成为优质工程。

3．项目的组成

项目部首先对××公建大楼项目的组成进行了分析，认为本项目是一个系统的综合工程，主要包含以下三部分：

（1）主体结构、装修、水暖通风、电气、消防、电梯及智能化系统的施工。

（2）地下车库和地上机动车位工程。

（3）配套市政工程道路和绿地建设。

4．分包商的选择

本项目的许多分项工程需要进行分包。分包工程采用有选择的招标方式，即通过首先邀请商谈的做法选定分包商。为此，预先要对一批分包商进行选择。在选择分包商时，如何正确鉴别这些公司关系到分包的成败。因此，在招标时，对分包商的资格预审工作特别重要，要了解每个投标公司对本工程是否具有相当的技术力量和施工管理能力，在施工期内是否有足够的施工力量和技术装备来承担本项分包工程任务，以及该公司目前财政状况是否良好等等。把这部分工作委托给这个工程项目的代理人来办理。根据分包工程的内容，预先对愿意承担该分项工程的分包商进行选择，主要考虑以下条件：

（1）分包商的财政状况是否良好。

（2）是否承担过类似工程。

（3）是否有好的信誉。

（4）对本工程是否重视，配备的管理人员是否有管理能力。

（5）是否具有施工力量承接本工程任务。

根据本项目的特点，按照编制招标文件的要求，编制分包项目的招标文件。招标文件的主要内容包括：投标者须知、投标书及附件、协议书、投标保证金或保证书、合同条件（包括通用和专用合同条件）、规定与规范、图样及设计资料附件、工程量表等。通过媒体将招标信息发布后，有 15 家公司参加了投标。经过对投标者实评，提出 10 家公司供选择，对这 10 家公司的资质情况和标函进行了进一步的审查。选择中标单位，不以报价高低做唯一衡量，而是根据标价、工期、各公司的资质进行综合分析。经过综合评估，最后选定 4 家公司中标。

5．项目范围的确定

（1）项目目标与项目描述。根据工程承包合同，项目经理部与业主、监理等项目的相关各方协商确定了项目的主要目标为：

1）交付成果。设计建造一栋一流设施和智能型的××公建大楼，地上建筑面积 $28001m^2$，地下建筑面积 $4042m^2$，总建筑面积 $32043m^2$。

2）工期要求。2006 年 1 月 3 日至 2008 年 6 月 30 日。

3）成本要求。总投资 39 000 万元。

为了使项目各相关方和项目团队成员准确理解项目内容，明确项目目标，项目经理部用简练的表格形式对项目进行了描述（附表 2）。

附表 2　××公建大楼建设项目描述

项 目 名 称	邮电通信大楼建设项目
项目目标	2.5 年完成邮电大楼的设计、建造工程，总投资 3.9 亿元
交付物	一栋总建筑面积 $32043m^2$，具有一流设施和智能型的公建大楼
交付物完成准则	工程设计、建造、室内和室外装修的要求
工作描述	主体结构、公用系统、智能化系统、室外道路和绿化工程
工作规范	依据国家建设建筑工程的有关规范
所需资源估计	人力、材料、设备的需求预计
重大里程碑事件	开工日期 2006 年 1 月 3 日，工程设计完成日期 2006 年 7 月 14 日，基础工程完成日期 2006 年 10 月 27 日，主楼工程完工日期 2007 年 10 月 21 日，安装工程完工日期 2008 年 2 月 18 日，装修工程完工日期 2008 年 5 月 19 日，工程验收日期 2008 年 6 月 18 日。
项目经理审核意见：按要求保质保量完成任务	
签名：×××　　　日期：2006 年 1 月	

（2）项目重大里程碑。针对项目的目标要求，结合项目的特点和各方的要求，项目经理部分析确定了本项目的主要里程碑事件，制作了反映项目重大里程碑事件关系的里程碑计划表（附表 3）。

附表 3　项目里程碑事件进度

标 识 号	任 务 名 称	2006 年						2007 年						2008 年				
		1	3	5	7	9	11	1	3	5	7	9	11	1	3	5	7	9
1	工程设计			◆7-14														
2	基础工程			◆10-27														
3	主体工程									◆10-21								
4	安装工程															◆2-18		
5	装修工程															◆5-19		
6	验收工程															◆6-18		

（3）项目工作分解。本项目涉及范围较广，工程量大，工作内容多，为了准确地明确项目的工作范围，项目经理部按照工作分解结构的原理对项目进行了分解（附表 4），经过与业主、监理的协商，确定了项目的工作范围。

附表 4　项目工作结构分解编码

工作结构分解编码	内　　容	工作结构分解编码	内　　容
1100	工程设计	1231	给排水工程安装
1110	勘察	1232	采暖工程安装
1120	方案设计	1233	设备安装
1130	初步设计	1234	电气安装
1140	施工图设计	1235	消防系统安装
1200	施工工程	1240	装修工程
1210	基础工程	1241	外装修
1211	土方	1242	内装修
1212	基础	1250	室外工程
1220	主体工程	1251	停车场及道路
1221	地下工程	1252	室外照明
1222	群楼工程	1253	绿化
1223	主楼工程	1260	竣工验收
1230	安装工程	1300	项目管理

6．项目管理组织形式（附图 1）

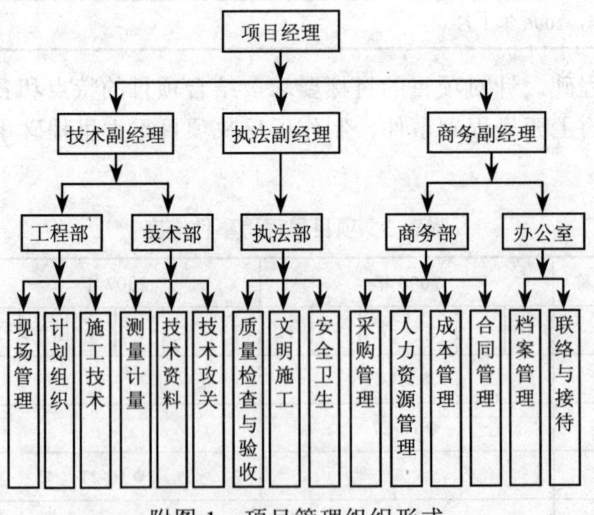

附图 1　项目管理组织形式

7．项目责任分配

为了对项目在执行过程中进行有效的监督、协调和管理，项目经理部采用责任分配矩阵

的形式对参与项目各方进行表述（附表 5）。

附表 5　项目责任分配

任务名称	项目办	技术部	计划部	采购部	质量部	财务部	建筑队	安装队	项目经理
1100 工程设计	○	▲	○						★
1110 勘察	○	▲			◆	○			
1120 方案设计	○	▲							
1130 初步设计	○	▲							
1140 施工图设计	○	▲							
1210 基础工程	○		○				▲		★
1211 土方	○				◆		▲		
1212 基础工程	○			◆			▲		
1220 主体工程	○						▲		★
1221 地下工程	○	○			◆		▲		
1222 群楼工程	○	○			◆		▲		
1223 主楼工程	○	○			◆		▲		
1230 安装工程	○		○					▲	★
1231 给排水工程安装	○			○	◆	○		▲	
1232 采暖工程安装	○			○	◆	○		▲	
1233 设备安装	○			○	◆	○		▲	
1234 电气安装	○			○	◆	○		▲	
1235 消防系统安装	○			○	◆	○		▲	
1240 装修工程	○		○				▲		★
1241 外装修	○				◆		▲		
1242 内装修	○				◆		▲		
1250 室外工程	○		○				▲		★
1251 停车场及道路	○				◆		▲		
1252 室外照明	○			○	◆		▲	○	
1253 绿化	○				◆		▲		
1260 竣工验收	▲	○		○	○	○			★
1300 项目管理	▲	○	○	○					★

注：▲—负责；○—参与；◆—监督；★—批准。

8．项目的进度计划与控制

（1）进度计划的编制。利用计算机，使用项目管理集成系统软件（PMIS）等进行管理，大大减少了工作量，提高了工作效率。首先在明确项目目标的基础上，对整个项目进行工作分解，确定工程所有可能包含的分项工程；其次，按照项目的要求及各项约束条件，用PMIS软件等绘制项目进度计划的网络图、横道图（略），同时确定各项资源的需求和使用计划，绘制资源负荷图和累积图（略）。

（2）计划的控制。实施阶段项目计划的控制分形象进度计划控制和阶段进度控制两个方面，下面分别对这两个方面进行说明。

1）形象计划控制工作流程

① 三月流动计划。总包现场办公室根据项目总体计划及现场实际情况制定详细计划，每月初做出三月滚动计划，每月做一次，每次做 3 个月，第一个月为实施计划，后两个月为预期计划。

三月滚动计划是现场的承包商应该遵循的总计划。每月初的第一次周计划会上由总承包商书面提出，交各承包商讨论。对于不合适的地方，承包商可以在会上提出修改意见，最后由总承包商在会上裁决。会后第二天总包商发送修改后的三月计划，这个滚动的三月计划各承包商都必须严格执行。

② 三周滚动计划。承包商根据三月滚动计划，每周例会编制三周滚动计划，书面一式八份。参加由总包主持，建设单位参加的周计划会。

三周滚动计划每周排一次，每次排三周，第一周为实施计划，第二、三周为预期计划。

每周五的周计划会，由建设单位，总包及各承包商的工程计划部门参加，会上对承包商的三周滚动计划进行详细讨论和审查，确认上周计划完成情况。对上周未按计划完成的项目，承包商要作出解释并提出补救措施。

周计划会上的重要决定或争议写成会议纪要，会议纪要及三周滚动计划交周六各单位参加的例会讨论。

周六举行由总包施工经理主持，建设单位施工经理参加，各承包商项目经理和施工经理参加的会议。会上各承包商宣读自己的三周滚动计划，由总包和建设单位质疑审查，并在各承包商间进行协调。这个会议确认的三周滚动计划作为实施计划。

③ 专题计划。形象计划控制除三月滚动计划、三周滚动计划外，还要求对部分项目作出专题计划。

④ 专题协调计划。遇有比较重要的施工活动，或者是对进度要求很紧，或者是问题比较多，或者这一施工活动牵涉到多个承包商同时施工，在这些情况下，总承包商将对此施工活动作出专题协调计划，以统一目标，统一计划，同时解决交叉作业中存在的问题。

⑤ 承包商内部计划调度会。每周日晚上承包商内部安排计划调度会。每月初的第一次会议讨论落实三月滚动计划，以后每周日的会议讨论落实三周滚动计划，每周五的会议检查计划执行情况，同时进行人力、机具及物资的调整。

2）数理进度控制工作流程。进行数理进度控制十分重要的环节是进度统计工作，因此必须得到一些基础数据才能利用计算机进行数理进度控制。项目的基础数据通过进度日报、月进度报告的方式获得。数理进度控制的主要内容如下：

① 实际进度曲线及实际施工计划。

② 预测的施工计划。

③ 工程综合进度统计表。每月制作一个工程综合进度统计表。利用此表对实际进度进行分析，详细安排下月施工计划。

9．项目的质量管理

（1）质量措施。为在项目实施过程中开展全面质量管理，需要狠抓三个方面工作。

1）质量管理。把一切影响施工质量的因素和一些必要的制度活动都管起来。必须“从我开始”方能环环相扣，保证工程顺利进行。开展“用户第一”的活动，用户对有关承包工程项目的合理要求和建议，只要不影响工程进行和不增加负担，都应予以满足。同时，在内部坚持把问题解决在本工序内，不给下工序留麻烦。明确“质量”、“进度”和“工程价款”的关系，将“质量”与“经济”挂钩。必须在确保质量，提高质量的基础上求数量，求经济效益，树立“质量是企业的生命”的理念。

2）质量保证。为减少层次、避免分工脱节、增强责任感，在承包的建设项目中实行分区分片的技术责任制，按专业设立技术负责人，从施工准备、安装、试车到负责交工的分工方法。技术负责人除了主管承担项目的技术工作外，还要承担进度、统计、材料和质量管理等责任。这样在现场形成质量控制与技术监督两个互相依存的，以提高质量为目的的质量保证系统。该系统隶属于项目经理部领导。

3）质量控制。根据合同规定的“现场质量控制程序”的要求，制定切合实际的质量控制程序。为了控制质量，提高控制点受检的一次合格率，把工序中的质量责任直接延伸到班组，从而加强班组的责任。要使控制点顺利通过检查，必须严格按照图样、规范和说明书的要求，一丝不苟地工作，同时还得精心自检，准确记录数据，作为认证的依据。

另外，发挥技术负责人的积极性，周密地思考，仔细地交底和观察，做好事前预防，把问题消灭在安装过程中。

在全面质量管理中狠抓上述三个方面工作的同时，为了达到全面控制质量的目的，还应着手以下几项工作：

① 管理机构。在工程内设专职质量管理工程师，负责质量管理，有关质量问题的日常事务处理与设备基础和钢结构的验收工作。按专业设兼职质量管理工作师，负责专业内有关质量管理事宜。

② 立法。为统一口径、避免质量纠纷，不论是国际权威机构制定的标准，还是厂家的标准，以及经生产实践考验了的承包商标准，非经建设单位（业主）认可和总承包商正式发送，不予使用。

为管理质量，将各专业施工过程分解，在工序间设立控制点，即上一工序完成后，要检查合格后，才能开始下一工序工作。根据工作工序的重要程度，确定不同的检查等级。

为防止遗漏或疏忽，设立质量管理检查日记，记录检查日期、检查情况与检查结果通知的编号，以便随时检查管理情况，并作为竣工资料予以保留。

③ 执法。要求质量管理人员了解合同中关于质量的要求和有关内容，作为在工作中谈判的依据。同时熟悉规程和规范，在工作中作为判断技术问题的依据。

④ 管理程序。为使施工工作有条不紊的进行，保证每一工序都经认证检查得到认可，制

定了适合实际情况的“管理程序”，并下发给专业队及各专业工程师，按此程序认真执行。

⑤ 认证。实行认证当面签字的做法，明确在质量管理中哪一级检查，就必须由哪一级签字认证。如果产生对质量看法的分歧，必须以信函通知有关单位，以取得法律依据，不可掉以轻心。

（2）质量管理。工程质量管理是通过现场质量管理程序来实现的，为了有效管理项目质量，制订了规范现场质量验收以及检查的程序。

任何一个管理点经现场联合检查认可后，必须发出一式四份检查结果通知，经认证和审批后，其中 2 份交付建设单位作质量资料，1 份由总承包商备存，1 份返回承包商供存档。当一个单位工程或机构组织内各专业全部完成管理点明细规定的管理点认证检查后，经检查确无遗漏和疏忽，按设备、管道、电气、仪表、保温和油漆顺序统一编号、装订，存档备交工。

施工过程中，不可避免要处理纠纷。按国际惯例，口头通知或许诺不能作为依据，必须以函件形式通知对方，为事实的演变取得法律的根据。函件的格式有两种，一种是正式的，一种是现场通知。承包工程项目中质量认可否决权建立在全员质量意识、严密的制度和科学的经济责任制的基础上。现场质量管理部门的工作，不能由其他部门和非质量人员所代替。质量管理部门不参与计划进度协调会议，不受工程进度的约束，也不参与施工技术专题会议。但是，管理点不通过它的检查、认可和签证是无效的。

10．项目费用管理计划

（1）承包工程中进行的一切活动都是以合同为依据。为保证达到合同总目标，必须确定工程管理（进度和质量）和费用管理两大管理目标，从而把履行的合同内容具体化、明确化，并在整个合同的实施过程中，统一全体人员的意志和行动步调，为实现这一目标进行不懈的共同努力。

合同中的商务条款、报价书、总体建设计划、根据本项目具体情况而编制的人力动员计划、机具动员计划、物资采购计划，以及承包工程的规定等是编制费用控制计划的依据。为实现工程项目的经营目的，确定的费用管理目标必须要体现先进性、竞争性、可能性、可靠性和合理性。

编制的费用控制计划，其分项应与合同价格组成的分项基本一致，以便于分析比较。费用大体上由三部分组成：第一部分为直接费，包括消耗材料及工器具费、人工费、机械费、分包工程费；第二部分为间接费，包括临时设施（生产、生活）费、差旅费、管理费、现场办公费、国内办公费、纳税及保险费；第三部分是总公司费用、风险费和利润。编制费用管理计划的同时也是对整个工程成本的一次预测，通过预测成本与合同价款的比较，对工程的经济效益作出进一步的评估。在费用管理计划的贯彻实施过程中，能更好地精打细算，降低成本，有效地管理费用开支，取得最大的经济效益。

（2）费用管理措施

1）建立必要的管理规章制度。计划成本要靠管理实际成本来实现，而实际成本的管理需各个部门层层把关，所以在编制费用管理计划的同时，必须制定必要的管理规章制度，以确保项目费用管理计划的实现。在执行中费用开支按计划执行，超支必须有审批手续，不得随意扩大支付范围。

本项目为实现费用控制的计划目标，在贯彻实施阶段建立了一些行之有效的管理制度，

主要有以下几个方面：

① 费用计划管理制度。

② 采购专项报告制度。

③ 物资采购、回收管理办法。

④ 工资的支付办法。

⑤ 费用结算制度。

⑥ 费用报销审批制度。

⑦ 实物验收报销制度。

⑧ 出差的旅费报销及伙食标准。

⑨ 出国人员回国时国际旅途费用包干办法等。

2）物资采购。在费用管理计划内确定消耗材料和工器具的采购计划，把需采购的物资划分为三个部分：第一部分能在国内采购到，且在质量上、工期上都能满足工程要求的，确定在国内采购。现场供应部提出物资品名、规格、数量，由专职人员负责这部分物资的采购和发运工作。第二部分是在当地采购的部分。这部分物资大多是量小、品种规格多且随工程进度而变化，每月初由各专业主管工程师提出采购计划，各队平衡后交供应部在当地采购。批量多的大宗材料进行招标，买卖双方签订合同，出具保函，以保证我方不受损失；数量小的由采购人员经货比三家，择优选购。第三部分为国外采购。

参考文献

[1] 张桂龙，等．新合同法释解[M]．北京：九洲图书出版社，1999．

[2] 赵雷．建筑安装工程施工质量管理[M]．济南：山东科学技术出版社，1995．

[3] 丛培经．建筑工程项目管理规范培训讲座[M]．北京：中国建筑工业出版社，2003．

[4] 全国建筑业企业项目经理培训教材编写委员会．施工项目成本管理[M]．北京：中国建筑工业出版社，2001．

[5] 苏振民，周韬．施工员管理手册[M]．北京：中国建筑工业出版社，2000．

[6] 孙志强．建筑业企业工程项目管理实用手册[M]．北京：中国建筑工业出版社，2003．

[7] 北京市第三建筑工程公司．建筑工程质量管理实用手册[M]．北京：中国建筑工业出版社，1993．

[8] 梁世连．工程项目管理[M]．北京：中国建材工业出版社，2004．

[9] 吴涛，丛培经．建筑工程项目管理规范实施手册[M]．北京：中国建筑工业出版社，2002．

[10] 桑培东．建筑工程项目管理[M]．北京：中国电力出版社，2007．

[11] 王卓甫．工程项目风险管理[M]．北京：中国水利水电出版社，2003．

[12] 王要武．工程项目管理百问[M]．北京：中国建筑工业出版社，2002．

[13] 叶纲．综合实习[M]．北京：中国建筑工业出版社，2003．

[14] 邢莉燕．工程量清单的编制与招投标报价[M]．济南：山东科学技术出版社，2004．

[15] 丛培经．建筑施工项目管理[M]．北京：中国环境科学出版社，2003．

[16] 武育秦．工程承包与投标报价[M]．重庆：重庆大学出版社，1993．